水利工程施工建设与管理

谷祥先　凌风干　陈高臣　著

吉林科学技术出版社

图书在版编目（CIP）数据

水利工程施工建设与管理 / 谷祥先， 凌风干， 陈高臣著．-- 长春 ： 吉林科学技术出版社， 2022.11

ISBN 978-7-5578-9950-9

Ⅰ．①水… Ⅱ．①谷… ②凌… ③陈… Ⅲ．①水利工程－工程施工②水利工程－施工管理 Ⅳ．①TV52 ②TV512

中国版本图书馆 CIP 数据核字（2022）第 206764 号

水利工程施工建设与管理

编　　著　谷祥先　凌风干　陈高臣
出 版 人　宛　霞
责任编辑　赵海娇
封面设计　树人教育
制　　版　树人教育
幅面尺寸　185mm×260mm
字　　数　230 千字
印　　张　10.75
印　　数　1-1500 册
版　　次　2022年11月第1版
印　　次　2023年3月第1次印刷

出　　版　吉林科学技术出版社
发　　行　吉林科学技术出版社
地　　址　长春市福祉大路5788号
邮　　编　130118
发行部电话/传真　0431-81629529 81629530 81629531
81629532 81629533 81629534
储运部电话　0431-86059116
编辑部电话　0431-81629518
印　　刷　三河市嵩川印刷有限公司

书　　号　ISBN 978-7-5578-9950-9
定　　价　75.00元

版权所有　翻印必究　举报电话：0431-81629508

前　言

水利工程的建设对国家经济的发展有着至关重要的影响，同时也是保证人民生命财产安全的前提基础。近年来国家高度重视水利工程建设，并出台了相关的政策法规，有效规范了水利工程的建设和管理内容，同时也对水利工程的建设与管理提出了新的要求。

水利工程作为我国基础性的设施建设，对促进我国经济发展起到至关重要的作用，而且水利工程作为一项步骤繁杂且耗时久的工程，在整个建设的过程中各个环节都需要引起注意并且进行完善的管理。只有努力探索存在于各个环节中的问题并且不断进行解决、完善，才能确保最后水利工程的质量。

水利工程施工建设与管理存在着密切的联系，二者是相互统一的，只有将二者完美地结合在一起，才能从根本上有效促进水利工程的整体质量与安全水平的提高。在工程建设过程中，更是要严格加强各个部门之间的协调、合作，提高管理者、施工人员的整体素质，确保监管人员进行有效的现场监管，才能将水利工程的建设与管理工作做到更完善。

目　录

第一章　水利工程建设概述

第一节　水利工程建设的特点

水利水电工程施工的最终成果是水利水电工程建筑产品。水利水电工程的建筑产品与其他工程的建筑产品一样，与一般的工业生产产品不同，其有体型庞大整体难分、不能移动等特点。同时水利水电建筑产品还有着与其他建筑工程不同的特点。只有对水利水电工程建筑产品的特点及其生产过程进行研究，才能更好地组织建筑产品的生产，保证产品的质量。

一、水利水电工程建筑产品的特点

（一）与一般工业产品相比

1. 产品的固定性

水利水电工程建筑产品与其他工程的建筑产品一样，是根据使用者的使用要求，按照设计者的设计图纸，经过一系列的施工生产过程，在固定点建成的。建筑产品的基础与作为地基的土地直接联系，因而建筑产品在建造中和建成后是不能移动的，建筑产品建在哪里就在哪里发挥作用。在有些情况下，一些建筑产品本身就是土地不可分割的一部分，如油气田、桥梁、地铁、水库等。固定性是建筑产品与一般工业产品的最大区别。

2. 产品的多样性

水利水电工程建筑产品一般是由设计和施工部门根据建设单位（业主）的委托，按特定的要求进行设计和施工的。由于对水利水电工程建筑产品的功能要求多种多样，因而对每一水利水电建筑产品的结构、造型、空间分割、设备配置都有具体要求。即使功能要求相同，建筑类型相同，但由于地形、地质等自然条件不同以及交通运输、材料供应等社会条件不同，在建造时施工组织施工方法也存在差异。水利水电工程建筑产品的这种特点决定了水利水电工程建筑产品不能像一般工业产品那样进行批量生产。

3. 产品体积庞大

水利水电工程建筑产品是生产与应用的场所，要在其内部布置各种生产与应用必要的设备与用具，因而与其他工业产品相比，水利水电工程建筑产品体积庞大，占有广阔的空间，排他性很强。因其体积庞大，水利水电工程建筑产品对环境的影响很大，必须控制建筑区位密度等，建筑必须服从流域规划和环境规划的要求。

4. 产品的高值性

能够发挥投资效用的任一项水利水电工程建筑产品，在其生产过程中耗用大量的材料、人力、机械及其他资源，不仅形体庞大，而且造价高昂，动则数百万元、数千万元、数亿元人民币，特大的水利水电工程项目其工程造价可达数十亿元、数百亿元、数千亿元人民币。产品的高值性也是其工程造价，关系着各方面的重大经济利益，同时也会对宏观经济产生重大影响。

（二）与其他建筑产品相比

1. 水利水电建筑产品进入地下部分的比重较大

水利水电建筑产品是建筑产品的一类，但水利水电建筑产品与其他建筑产品（如工业与民用建筑道路建筑等）又有所不同。主要特点在水利水电工程，进入地下的部分比其他的建筑工程比重要大，枢纽工程、闸坝、桥（涵）、洞（涵）都具有这一特点。

2. 水利水电建筑产品临时工程比重较大

水利水电工程的建设除建设必需的永久工程外，还需要一些临时工程，如围堰、导流、排水临时道路等。这些临时工程大多都是一次性，主要功能是为了永久建筑物的施工和设备的运输安装。因此临时工程的投资比较大，根据不同规模、不同性质，所占总投资比重一般在 10%~40% 之间。

二、水利水电建筑施工的特点

（一）施工生产的流动性

水利水电工程建筑产品施工的流动性有两层含义。

首先，由于水利水电工程建筑产品固定地点建造的，生产者和生产设备要随着建筑物建造地点的变更而流动，相应材料、附属生产加工企业、生产和生活设施也经常迁移。另一层含义指由于水利水电工程建筑产品固定在土地上，与土地相连，在生产过程中，产品固定不动，人、材料、机械设备围绕着建筑产品移动，要从一个施工段转移到另一个施工段，从水利水电工程的一个部分转移到另一个部分。这一特点要求通过施工组织设计，能使流动的人、机、物等相互协调配合，做到连续均衡施工。

（二）施工生产的单件性

水利水电工程建筑产品施工的多样性决定了水利水电工程建筑产品的单件性。每项建筑产品都是按照建设单位的要求进行施工的，都有其特定的功能、规模和结构特点，所以工程内容和实物形态都具有个别性、差异性。而工程所处的地区、地段不同更增强了水利水电工程建筑产品的差异性，同一类型工程或标准设计，在不同的地区、季节及现场条件下，施工准备工作施工工艺和施工方法都不尽相同，所以水利水电工程建筑产品只能是单件产品，而不能按通过定型的施工方案重复生产。这一特点就要求施工组织实际编制者考虑设计要求、工程特点、工程条件等因素，制定出可行的水利水电工程施工组织方案。

（三）施工生产过程的综合性

水利水电工程建筑产品的施工生产涉及施工单位、业主、金融机构、设计单位、监理单位、材料供应部门、分包单位等多个单位、多个部门的相互配合、相互协助，决定了水利水电工程建筑产品施工生产过程具有很强的综合性。

（四）施工生产受外部环境的影响较大

水利水电工程建筑产品体积庞大，使水利水电工程建筑产品不具备在室内施工生产的条件，一般都要求露天作业，其生产受到风、霜、雨、雪、温度等气候条件的影响；水利水电工程建筑产品的固定性决定了其生产过程会受工程地质、水文条件变化的影响，以及地理条件和地域资源的影响。这些外部因素对工程进度、工程质量、建造成本都有很大影响。这一特点要求水利水电工程建筑产品生产者提前进行原始资料调查，制定合理的季节性施工措施、质量保证措施、安全保证措施等，科学组织施工，使生产有序进行。

（五）施工生产过程具有连续性

水利水电工程建筑产品不能像其他许多工业产品一样可以分解若干部分同时生产，而必须在同一固定场地上按严格程序继续生产，在上一道工序不完成，下一道工序不能进行。水利水电工程建筑产品是持续不断的劳动过程的成果，只有全部生产过程完成，才能发挥其生产能力或使用价值。一个水利水电建设工程项目从立项到使用要经历多个阶段和过程，包括设计前的准备阶段、设计阶段、施工阶段、使用前准备阶段（包括竣工验收和试运行）和保修阶段。这是一个不可间断的、完整的周期性生产过程，他要求在生产过程中各阶段、各环节、各项工作有条不紊地组织起来，在时间上不间断，空间上不脱节。要求生产过程的各项工作必须合理组织、统筹安排，遵守施工程序按照合理的施工顺序科学地组织施工。

第二节　水利工程建设项目的划分

一、建筑工程

1. 枢纽工程

枢纽工程是指水利枢纽建筑物（含引水工程中的水源工程）和其他大型独立建筑物，包括挡水工程、泄洪工程、引水工程、发电厂工程、升压变电站工程、航运工程、鱼道工程、交通工程、房屋建筑工程和其他建筑工程。其中，挡水工程等前七项称为主体建筑工程。

（1）挡水工程，包括挡水的各类坝（闸）工程。

（2）泄洪工程，包括溢洪道、泄洪洞、防空洞等工程。

（3）引水工程，包括发电引水明渠、进（取）水口、调压井、高压管道等工程。

（4）发电厂工程，包括地面、地下各类发电厂工程。

（5）升压变电站工程，包括升压变电站、开关站等工程。

（6）航运工程，包括上下游引航道、船闸、升船机等工程。

（7）鱼道工程，根据枢纽建筑物布置情况，可独立列项，与拦河坝相结合的，也可作为拦河坝工程的组成部分。

（8）交通工程，包括上坝、进厂、对外等场内外永久公路、桥梁、铁路、码头等交通工程。

（9）房屋建筑工程，包括为生产运行服务的永久性辅助生产厂房、仓库、办公、生活及文化福利等房屋建筑和室外工程。

（10）其他建筑工程，包括内外部观测工程，动力线路（厂坝区），照明线路，通信线路，厂坝区及生活区供水、供热、排水等公用设施工程，厂坝区环境建筑工程，水情自动测报系统工程及其他。

2. 引水工程及河道工程

引水工程及河道工程是指供水、灌溉、河湖整治、堤防修建与加固工程，包括供水、灌溉渠（管）道、河湖整治与堤防工程，建筑物工程（水源工程除外），交通工程，房屋建筑工程，供电设施工程和其他建筑工程。

（1）供水、灌溉渠（管）道、河湖整治与堤防工程，包括渠（管）道工程、清淤疏浚工程、堤防修建与加固工程等。

（2）建筑物工程，包括泵站、水闸、隧洞、渡槽、倒虹吸、跌水、小水电站、排水沟（涵)、调蓄水库等工程。

（3）交通工程。交通工程指永久性公路、铁路、桥梁、码头等工程。

（4）房屋建筑工程，包括为生产运行服务的永久性辅助生产厂房、仓库、办公、生活及文化福利等房屋建筑和室外工程。

（5）供电设施工程。供电设施工程指为工程生产运行供电需要架设的输电线路及变配电设施工程。

（6）其他建筑工程，包括内外部观测工程，照明线路，通信线路，厂坝（闸、泵站）区及生活区供水、供热、排水等公用设施工程，工程沿线或建筑物周围环境建设工程，水情自动测报系统工程及其他。

二、机电设备及安装工程

1. 枢纽工程

枢纽工程是指构成该组工程固定资产的全部机电设备及安装工程。本部分由发电设备及安装工程、升压变电设备及安装工程和公用设备及安装工程三项组成。

（1）发电设备及安装工程，包括水轮机、发电机、主阀、起重机、水力机械辅助设备、电气设备等设备及安装工程。

（2）升压交电设备及安装工程，包括主变压器、高压电气设备、一次拉线等设备及安装工程。

（3）公用设备及安装工程，包括通信设备，通风采暖设备，机修设备，计算机监控系统，管理自动化系统，金厂接地及保护网，电梯，坝区供电设备，厂坝区及生活区供水、排水、供热设备，水文，泥沙监测设备，水情自动测报系统设备，外部观测设备，消防设备，交通设备等设备及安装工程。

2. 引水工程及河道工程

引水工程及河道工程是指构成该工程固定资产的全部机电设备及安装工程。本部分一般由泵站设备及安装工程、小水电站设备及安装工程、供变电工程和公用设备及安装工程四项组成。

（1）泵站设备及安装工程，包括水泵、电动机、主阀、起重设备、水力机械辅助设备、电气设备等设备及安装工程。

（2）小水电站设备及安装工程，其组成内容可参照枢纽工程的发电设备及安装工程和升压变电设备及安装工程。

（3）供变电工程，包括供电、变配电设备及安装工程。

（4）公用设备及安装工程，包括通信设备，通风采暖设备，机修设备，计算机监控系统，管理自动化系统，全厂接地及保护网，坝（闸、泵站）区馈电设备，厂坝（闸、泵站）区供水、排水、供热设备，水文、泥沙监测设备，水情自动测报系统设备，外部观测设备，消防设备，交通设备等设备及安装工程。

三、金属结构设备及安装工程

金属结构设备及安装工程是指构成枢纽工程和其他水利工程固定资产的全部金属结构设备及安装工程，包括闸门、启闭机、拦污栅、升船机等设备及安装工程，压力钢管制作及安装工程和其他金属结构设备及安装工程。

金属结构设备及安装工程项目要与建筑工程项目相对应。

四、施工临时工程

施工临时工程是指为辅助主体工程施工所必须修建的生产和生活用临时性工程。该部分组成内容如下：

1. 导流工程，包括导流明渠、导流洞、施工围堰、蓄水期下游断流补偿设施、金属结构设备及安装工程等。

2. 施工交通工程，包括施工现场内外为工程建设服务的临时交通工程，如公路、铁路、桥梁、施工支洞、码头、转运站等。

3. 施工场外供电工程，包括从现有电网向施工现场供电的高压输电线路（枢纽工程：35kV 及以上等级；引水工程及河道工程：10kV 及以上等级）和施工变（配）电设施（场内除外）工程。

4. 施工房屋建筑工程，施工房屋建筑工程指工程在建设过程中建造的临时房屋，包括施工仓库、办公及生活、文化福利建筑和所需的配套设施工程。

5. 其他施工临时工程，其他施工临时工程指除施工导流、施工交通、施工场外供电、施工房屋建筑、缆机平台以外的施工临时工程，主要包括施工供水（大型泵房及干管）、砂石料系统、混凝土拌和浇筑系统、大型机械安装拆卸、防汛、防冰、施工排水、施工通信、施工临时支护设施（含隧洞临时钢支撑）等工程。

第三节　水利工程基本建设程序

我国基本建设程序最初是 1952 年政务院正式颁布的，基本上是苏联管理模式和方法的翻版。随着各项建设事业的不断发展，尤其是近十多年来管理体制的一系列改革，基本建设程序也在不断变化、逐步完善和科学化。

工程建设一般要经过规划、设计、施工等阶段以及试运转和验收等过程，才能正式投入生产。工程建成投产以后，还需要进行观测、维修和改进。整个工程建设过程是由一系列紧密联系的过程组成的，这些过程既有顺序联系，又有平行搭接关系，在每个过程以及过程与过程之间又由一系列紧密相连的工作环节构成一个有机整体，由此构成了反映基本建设内在规律的基本建设程序，简称基建程序。基本建设程序是基本建设中的客观规律，违背它必然会受到惩罚，“十年动乱”期间不按基本建设程序，大搞“三边”工程，给国民经济造成了巨大损失。

基建程序中的工作环节，多具有环环相扣、紧密相连的性质。其中任意一个中间环节的开展，至少要以一个先行环节为条件，即只有当它的先行环节已经结束或已进展到相当程度时，才有可能转入这个环节。基建程序中的各个环节，往往涉及好几个工作单位，需要各个单位的协调和配合，否则，稍有脱节，就会带来牵动全局的影响。基建程序是在工程建设实践中逐步形成的，它与基本建设管理体制密切相关。

水利工程建设方面项目管理的重要文件是《水利工程建设项目管理规定（试行）》（水利部水建〔1995〕128 号），该规定发布实施于 1995 年 4 月 21 日，共分为总则、管理体制及职责、建设程序、实行“三项制度”改革、其他管理制度、附则等六章。有关水利工程建设程序的规范性文件是《水利工程建设程序管理暂行规定》（水利部水建〔1998〕16 号），该规定于 1998 年 1 月 7 日发布施行，共 24 条。

《水利工程建设项目管理规定（试行）》规定：“水利是国民经济的基础设施和基础产业。水利工程建设要求严格按建设程序进行。水利工程建设程序一般分为：项目建设书、可行性研究报告、初步设计、施工准备（包括招标设计）、建设实施、生产准备竣工验收、后评价等阶段。”

根据《水利基本建设投资计划管理暂行办法》，水利基本建设项目的实施，必须首先通过基本建设程序立项。水利基本建设项目的立项报告要根据国家的方针政策。已批准的江河流域综合治理规划、专业规划和水利发展中长期规划，由水行政主管部门提出，通过基本建设程序申请立项。

一、水利工程建设项目的分类

根据《水利基本建设投资计划管理暂行办法》的规定，水利基本建设项目的类型按以下标准进行划分。

1. 水利基本建设项目按其功能和作用分为公益性、准公益性和经营性。

（1）公益性项目是指具有防洪、排涝、抗旱和水资源管理等社会公益性管理和服务功能，自身无法得到相应经济回报的水利项目，如堤防工程、河道整治工程、蓄滞洪区安全建设工程、除涝、水土保持、生态建设、水资源保护、贫苦地区人畜饮水、防汛通信、水文设施等。

（2）准公益性项目是指既有社会效益又有经济效益的水利项目，其中大部分以社会效益为主，如综合利用的水利枢纽（水库）工程、大型灌区节水改造工程等。

（3）经营性项目是指以经济效益为主的水利项目，如城市供水、水力发电、水库养殖、水上旅游及水利综合经营等。

2. 水利基本建设项目按其对社会和国民经济发展的影响分为中央水利基本建设项目（简称中央项目）和地方水利基本建设项目（简称地方项目）。

（1）中央项目是指对国民经济全局、社会稳定和生态环境有重大影响的防洪、水资源配置、水土保持、生态建设、水资源保护等项目，或中央认为负有直接建设责任的项目。

（2）地方项目是指局部受益的防洪除涝、城市防洪、灌溉排水、河道整治、供水、水土保持、水资源保护、中小型水电站建设等项目。

3. 水利基本建设项目根据其建设规模和投资额分为大中型和小型项目。

大中型水利基本建设项目是指满足下列条件之一的项目：

（1）堤防工程：一、二级堤防。

（2）水库工程：总库容 1 000 万 m^3 以上（含 1 000 万 m^3，下同）。

（3）水电工程：电站总装机容量 5 万 kW 以上。

（4）灌溉工程：灌溉面积 30 万亩（2 万 hm^2）以上。

（5）供水工程：日供水 10 万 t 以上。

（6）总投资在国家规定的限额以上的项目。

二、管理体制及职责

我国目前的基本建设管理体制大体是：对于大中型工程项目，国家通过计划部门及各部委主管基本建设的司（局），控制基本建设项目的投资方向；国家通过建设银行管理基本建设投资的拨款和贷款；各部委通过工程项目的建设单位，统筹管理工程的勘测、设计、科研、施工、设备材料订货、验收以及筹备生产运行管理等各项工作；参与基本建设活动的勘测、设计、施工、科研和设备材料生产等单位，按合同协议与建设单位建立联系或相互之间建立联系。

2002 年 10 月 1 日开始施行的《中华人民共和国水法》对我国水资源管理体制做出了明确规定："国家对水资源实行流域管理与行政区域管理相结合的管理体制。国务院水行政主管部门负责全国水资源的统一管理和监督工作。国务院水行政主管部门在国家确定的重要江河、湖泊设立的流域管理机构，在所管辖的范围内行使法律、行政法规规定的和国务院水行政主管部门授予的水资源管理和监督职责。县级以上地方人民政府水行政主管部门按照规定的权限，负责本行政区域内水资源的统一管理和监督工作。国务院有关部门按照职责分工，负责水资源开发、利用、节约和保护的有关工作。县级以上地方人民政府有关部门按照职责分工，负责本行政区域内水资源开发、利用、节约和保护的有关工作。”

《水利工程建设项目管理规定（试行）》进一步明确：水利工程建设项目管理实行统一管理、分级管理和目标管理，逐步建立水利部、流域机构和地方水行政主管部门以及建设项目法人分级、分层次管理的管理体系。水利工程建设项目管理要严格按建设程序进行，实行全过程的管理、监督、服务。水利工程建设要推行项目法人责任制，招标投标制和建设监理制，积极推行项目管理。水利部是国务院水行政主管部门，对全国水利工程建设实行宏观管理，水利部建管司是水利部主管水利建设的综合管理部门，在水利工程建设项目管理方面，其主要管理职责有以下几个方面：

1. 贯彻执行国家的方针政策，研究制定水利工程建设的政策法规，并组织实施。

2. 对全国水利工程建设项目进行行业管理。

3. 组织和协调部属重点水利工程的建设。

4. 积极推行水利建设管理体制的改革，培育和完善水利建设市场。

5. 指导或参与省属重点大中型工程、中央参与投资的地方大中型工程建设的项目管理。

流域机构是水利部的派出机构，对其所在流域行使水行政主管部门的职责，负责本流域水利工程建设的行业管理。

省（自治区、直辖市）水利（水电）厅（局）是本地区的水行政主管部门，负责本地区水利工程建设的行业管理。

水利工程项目法人对建设项目的立项筹资、建设、生产经营、还本付息以及资产保值增值的全过程负责，并承担投资风险。代表项目法人对建设项目进行管理的建设单位是项目建设的直接组织者和实施者，负责按项目的建设规模、投资总额、建设工期、工程质量实行项目建设的全过程管理，对国家或投资各方负责。

三、各阶段的工作要求

根据《水利工程建设项目管理规定（试行）》和《水利基本建设投资计划管理暂行办法》的规定，水利工程建设程序中各阶段的工作要求如下。

1. 项目建议书阶段

（1）项目建议书应根据国民经济和社会发展规划、流域综合规划、区域综合规划、专业规划，按照国家产业政策和国家有关投资建设方针进行编制，是对拟进行建设项目提出的初步说明。

（2）项目建议书应按照《水利水电工程项目建议书编制暂行规定》编制。

（3）项目建议书的编制一般委托有相应资格的工程咨询或设计单位承担。

2. 可行性研究报告阶段

（1）根据批准的项目建议书，可行性研究报告应对项目进行方案比较，对技术上是否可行和经济上是否合理进行充分的科学分析和论证。经过批准的可行性研究报告，是项目决策和进行初步设计的依据。

（2）可行性研究报告应按照《水利水电工程可行性研究报告编制规程》（DL5020-93）编制。

（3）可行性研究报告的编制一般委托有相应资格的工程咨询或设计单位承担。可行性研究报告经批准后，不得随意修改或变更，在主要内容上有重要变动时，应经过原批准机关复审同意。

3. 初步设计阶段

（1）初步设计是根据批准的可行性研究报告和必要而准确的勘察设计资料，对设计对象进行通盘研究，进一步阐明拟建工程在技术上的可行性和经济上的合理性，确定项目的各项基本技术参数，编制项目的总概算。其中概算静态总投资原则上不得突破已批准的可行性研究报告估算的静态总投资。由于工程项目基本条件发生变化，引起工程规模、工程标准、设计方案、工程量的改变。其概算静态总投资超过可行性研究报告相应估算的静态总投资在 15% 以下时，要对工程变化内容和增加投资提出专题分析报告；超过 15% 以上（含 15%）时，必须重新编制可行性研究报告并按原程序报批。

（2）初步设计报告应按照《水利水电工程初步设计报告编制规程》（DL5021-93）编制。

初步设计报告经批准后，主要内容不得随意修改或变更，并作为项目建设实施的技术文件基础。在工程项目建设标准和概算投资范围内，依据批准的初步设计原则，一般非重大设计变更、生产性子项目之间的调整由主管部门批准。在主要内容上有重要变动或修改（包括工程项目设计变更、子项目调整、建设标准调整、概算调整）等，应按程序上报原批准机关复审同意。

（3）初步设计任务应选择有项目相应资格的设计单位承担。

4. 施工准备阶段

施工准备阶段是指建设项目的主体工程开工前，必须完成的各项准备工作。其中招标设计是指为施工以及设备材料招标而进行的设计工作。

5. 建设实施阶段

建设实施阶段是指主体工程的建设实施，项目法人按照批准的建设文件，组织工程建设，保证项目建设目标的实现。

6. 生产准备（运行准备）阶段

生产准备（运行准备）指在工程建设项目投入运行前所进行的准备工作，完成生产准备（运行准备）是工程由建设转入生产（运行）的必要条件。项目法人应按照建管结合和项目法人责任制的要求，适时做好有关生产准备（运行准备）工作。生产准备（运行准备）应根据不同类型的工程要求确定，一般主要包括以下几方面的工作内容：

（1）生产（运行）组织准备。建立生产（运行）经营的管理机构及相应管理制度。

（2）招收和培训人员。按照生产（运行）的要求，配套生产（运行）管理人员，并通过多种形式的培训，提高人员的资质，使之能满足生产（运行）要求。生产（运行）管理人员要尽早介入工程的施工建设，参加设备的安装调试工作，熟悉有关情况，掌握生产（运行）技术，为顺利衔接基本建设和生产（运行）阶段做好准备。

（3）生产（运行）技术准备，主要包括技术资料的汇总、生产（运行）技术方案的制定、岗位操作规程制定和新技术准备。

（4）生产（运行）物资准备，主要是落实生产（运行）所需的材料、工器具、备品备件和其他协作配合条件的准备。

（5）正常的生活福利设施准备。

7. 竣工验收

竣工验收是工程完成建设目标的标志，是全面考核建设成果、检验设计和工程质量的重要步骤。竣工验收合格的工程建设项目即可以从基本建设转入生产（运行）。

竣工验收按照《水利水电建设工程验收规程》（SL223-1999）进行。

8. 后评价

（1）工程建设项目竣工验收后，一般经过 1~2 年生产（运行）后，要进行一次系统的项目后评价，主要内容包括：

影响评价——对项目投入生产（运行）后对各方面的影响进行评价；

经济效益评价——对项目投资、国民经济效益、财务效益、技术进步和规模效益、可行性研究深度等进行评价；

过程评价——对项目的立项、勘察设计、施工、建设管理、生产（运行）等全过程进行评价。

（2）项目后评价一般按三个层次组织实施，即项目法人的自我评价、项目行业的评价和计划部门（或主要投资方）的评价。

（3）项目后评价工作必须遵循客观、公正、科学的原则，做到分析合理、评价公正。

第四节　水利工程建设模式

一、平行发包管理模式

平行发包模式是水利工程建设在早期普遍实施的一种建设管理模式，是指业主将建设工程的设计、监理、施工等任务经过分解分别发包给若干个设计、监理、施工等单位，并分别与各方签订合同。

1. 优点

（1）有利于节省投资。一是与 PMC、PM 模式相比节省管理成本；二是根据工程实际情况，合理设定各标段拦标价。

（2）有利于统筹安排建设内容。根据项目每年的到位资金情况择优计划开工建设内容，避免因资金未按期到位影响整体工程进度，甚至造成工程停工、索赔等问题。

（3）有利于质量、安全的控制。传统的单价承包施工方式，承建单位以实际完成的工程量来获取利润，完成的工程量越多获取的利润就越大，承建单位为寻求利润一般不会主动优化设计减少建设内容，而严格按照施工图进行施工，质量、安全得以保证。

（4）锻炼干部队伍。建设单位全面负责建设管理各方面工作，在建设管理过程中，通过不断学习总结经验，能有效地提高水利技术人员的工程建设管理水平。

2. 缺点

（1）协调难度大。建设单位协调设计、监理单位以及多个施工单位、供货单位，协调跨度大，合同关系复杂，各参建单位利益导向不同、协调难度大、协调时间长，影响工程整体建设的进度。

（2）不利于投资控制。现场设计变更多，且具有不可预见性，工程超概算严重，投资控制困难。

（3）管理人员工作量大。管理人员需对工程现场的进度、质量、安全、投资等进行管理与控制，工作量大，需要具有管理经验的管理队伍，且综合素质要求高。

（4）建设单位责任风险高。项目法人责任制是“四制”管理中的主要组成部分，建设单位直接承担工程招投标、进度、安全、质量、投资的把控和决策，责任风险高。

3. 应用效果

采用此管理模式的项目多处于建设周期长，不能按合同约定完成建设任务，有些项目甚至出现工期遥遥无期的情况，项目建设投资易超出初设批复概算，投资控制难度大，已完成项目还面临建设管理人员安置难问题。比如德江长丰水库，总库容 1105

万 m³，总投资 2.89 亿元，共分为 14 个标段，2011 年年底开工，该工程现还未完工。

二、EPC 项目管理模式

EPC（Engineering-Procurement-Construction）即设计 - 采购 - 施工总承包，是指工程总承包企业按照合同约定，承担项目的设计、采购、施工、试运行服务等工作，并对承包工程的质量、安全、工期、造价全面负责。此种模式，一般以总价合同为基础，在国外，EPC 一般采用固定总价（非重大设计变更，不调整总价）。

1. 优点

（1）合同关系简单，组织协调工作量小。由单个承包商对项目的设计、采购、施工全面负责，简化了合同组织关系，有利于业主管理，在一定程度上减少了项目业主的管理与协调工作。

（2）设计与施工有机结合，有利于施工组织计划的执行。由于设计和施工（联合体）统筹安排，设计与施工有机地融合，能够较好地将工艺设计与设备采购及安装紧密结合起来，有利于项目综合效益的提升，在工程建设中发现问题能得到及时有效的解决，避免设计与施工不协调而影响工程进度。

（3）节约招标时间、减少招标费用。只需 1 次招标，选择监理单位和 EPC 总承包商，不需要对设计和施工分别招标，节约招标时间，减少招标费用。

2. 缺点

（1）由于设计变更因素，合同总价难以控制。由于初设阶段深度不够，实施中难免出现设计漏项引起设计变更等问题。当总承包单位盈利较低或盈利亏损时，总承包单位会采取重大设计变更的方式增加工程投资，而重大设计变更批复时间长，影响工程进度。

（2）业主对工程实施过程参与程度低，不能有效全过程控制。无法对总承包商进行全面跟踪管理，不利于质量、安全控制。合同为总价合同，施工总承包方为了加快施工进度，获取最大利益，往往容易忽视工程质量与安全。

（3）业主要协调分包单位之间的矛盾。在实施过程中，分包单位与总承包单位存在利益分配纠纷，影响工程进度，项目业主在一定程度上需要协调分包单位与总承包单位的矛盾。

3. 应用效果

由于初设与施工图阶段不是一家设计单位，设计缺陷、重大设计变更难于控制，项目业主与 EPC 总承包单位在设计优化、设计变更方面存在较大分歧，且 EPC 总承包单位内部也存在设计与施工利益分配不均的情况，工程建设期间施工进度、投资难控制，例如某水库项目业主与 EPC 总承包单位由于重大设计变更未达成一致意见，导致工程停工 2 年以上，在变更达成一致意见后项目业主投资增加上亿元。

三、PM 项目管理模式

PM 项目管理服务是指工程项目管理单位按照合同约定，在工程项目决策阶段，为业主编制可行性研究报告，进行可行性分析和项目策划；在工程项目实施阶段，为业主提供招标代理、设计管理、采购管理、施工管理和试运行（竣工验收）等服务，代表业主对工程项目进行质量、安全、进度、投资、合同、信息等管理和控制。工程项目管理单位按照合同约定承担相应的管理责任。PM 模式的工作范围比较灵活，可以是全部项目管理的总和，也可以是某个专项的咨询服务。

1. 优点

（1）提高项目管理水平。管理单位为专业的管理队伍，有利于更好地实现项目目标，提高投资效益。

（2）减轻协调工作量。管理单位对工程建设现场的管理和协调，业主单位主要协调外部环境，可减轻业主对工程现场的管理和协调工作量，有利于弥补项目业主人才不足的问题。

（3）有利于保障工程质量与安全。施工标由业主招标，避免造成施工标单价过低，有利于保证工程质量与安全。

（4）委托管理内容灵活。委托给 PM 单位的工作内容和范围也比较灵活，可以具体委托某一项工作，也可以是全过程、全方位的工作，业主可根据自身情况和项目特点有更多的选择。

2. 缺点

（1）职能职责不明确。项目管理单位职能职责不明确，与监理单位职能存在交叉问题，比如合同管理、信息管理等。

（2）体制机制不完善。目前没有指导项目管理模式的规范性文件，不能对其进行规范化管理，有待进一步完善。

（3）管理单位积极性不高。由于管理单位的管理费为工程建设管理费的一部分，金额较小，管理单位投入的人力资源较大，利润较低。

（4）增加管理经费。增加了项目管理单位，相应地增加了一笔管理费用。

3. 应用效果

采用此种管理模式只是简单的代项目业主服务，因为没有利益约束不能完全实现对项目参建单位的有效管理，且各参建单位同管理单位不存在合同关系，建设期间容易存在不服从管理或落实目标不到位的现象，工程推进缓慢，投资控制难。

第二章　水利工程施工

第一节　施工导流与排水

一、施工导流相关知识

河流上修建水利水电工程时，为了使水工建筑物能在干地上进行施工，需要用围堰围护基坑，并将河水引向预定的泄水通道往下游宣泄，这就是施工导流。施工导流的基本方法大体上可分为两类：一类是分段围堰法导流，水流通过被束窄的河床、坝体底孔、缺口或明槽等往下游宣泄；另一类是全段围堰法导流，水流通过河床外的临时或永久的隧洞、明渠或河床内的涵管等往下游宣泄。

（一）分段围堰法导流

分段围堰法亦称分期围堰法，就是用围堰将水工建筑物分段分期围护起来进行施工的方法。两段两期导流首先在右岸进行第一期工程的施工，河水由左岸的束窄河床宣泄。一般情况下，在修建第一期工程时，为使水电站、船闸早日投入运行，满足初期发电和施工通航的要求，应考虑优先建造水电站、船闸，并在建筑物内预留底孔或缺口。到第二期工程施工时，河水即经由这些底孔或缺口等下泄。对于临时底孔，在工程接近完工或需要蓄水时要加以封堵。

所谓分段，就是在空间上用围堰将建筑物分成若干施工段进行施工。所谓分期，就是在时间上将导流分为若干时期。导流的分期数和围堰的分段数并不一定相同。因为在同一导流分期中，建筑物可以在一段围堰内施工，也可以同时在两段围堰中施工。必须指出，段数分得越多，围堰工程量越大，施工也越复杂；同样，期数分得越多，工期有可能拖得越长。因此，在工程实践中，二段二期导流采用得最多。只有在比较宽阔的河道上施工，不允许断航或其他特殊情况下，才采用多段多期导流方法。

采用分段围堰法导流时，纵向围堰位置的确定，也就是河床束窄程度的选择是关键性问题之一。在确定纵向围堰的位置或选择河床的束窄程度时，应重视下列问题：束窄河床的流速要考虑施工通航、筏运、围堰和河床防冲等方面的要求，不能超过允许流速，各段主体工程的工程量、施工强度要比较均衡；便于布置后期导流用的泄水建筑物，不致使后期围堰过高或截流落差过大，造成截流困难。

束窄河床段的允许流速，一般取决于围堰及河床的抗冲允许流速，但在某些情况下，也可以允许河床被适当刷深，或预先将河床挖深、扩宽，采取防冲措施。在通航河道上，束窄河段的流速、水面比降、水深及河宽等还应与当地航运部门共同协商研究来确定。

分段围堰法导流一般适用于河床宽、流量大、施工期较长的工程，尤其在通航河流和冰凌严重的河流上。这种导流方法的导流费用低，国内一些大、中型水利水电工程采用较广，中国湖北葛洲坝、江西万安、辽宁桓仁、浙江富春江等枢纽施工中，都采用过这种导流方法。分段围堰法导流，前期都利用束窄的河道导流，后期要通过事先修建的泄水道导流，常见的导流方式有以下两种。

1. 底孔导流

底孔导流时，应事先在混凝土坝体内修好临时底孔或永久底孔，导流时让全部或部分导流流量通过底孔宣泄到下游，保证工程继续施工。若为临时底孔，则在工程接近完工或需要蓄水时加以封堵，这种导流方法在分段分期修建混凝土坝时用得较普遍。

采用临时底孔时，底孔的尺寸、数目和布置，要通过相应的水力学计算决定。其中，底孔的尺寸在很大程度上取决于导流的任务（过水、过木、过船、过鱼），以及水工建筑物的结构特点和封堵用闸门设备的类型。底孔的布置应满足截流、围堰工程以及本身封堵等的要求。如底坎高程布置较高，截流时落差就大，围堰也高，但封堵时的水头较低，封堵就容易些，一般底孔的底坎高程应布置在枯水位之下，以保证枯水期泄水。当底孔数目较多时，可以把底孔布置在不同高程，封堵时从最低高程的底孔堵起，这样可以减少封堵时所承受的水压力。临时底孔的断面多采用矩形，为了改善孔周的应力状况，也可采用有圆角的矩形。按水工结构要求，孔口尺寸应尽量小，但若导流流量较大或有其他要求，也可采用尺寸较大的底孔。底孔导流的优点是挡水建筑物上部的施工可以不受水流干扰，有利于均衡、连续施工，这对修建高坝特别有利，若坝体内设有永久底孔可用来导流，更为理想。底孔导流的缺点是：坝体内设置了临时底孔，钢材用量增加；如果封堵质量不好，会削弱坝的整体性，还可能漏水；在导流过程中，底孔有被漂浮物堵塞的危险，封堵时，由于水头较高，安放闸门及止水等均较困难。

2. 坝体缺口导流

混凝土坝施工过程中，当汛期河水暴涨暴落，其他导流建筑物又不足以宣泄全部流量时，为了不影响施工进度，使大坝在涨水时仍能继续施工，可以在未建成的坝体上预留缺口，以便配合其他导流建筑物宣泄洪峰流量，待洪峰过后，上游水位回落，再继续修筑缺口。所留缺口的宽度和高度取决于导流设计流量、其他泄水建筑物的泄水能力、建筑物的结构特点和施工条件等。采用底坎高程不同的缺口时，为避免高低缺口单宽泄量相差过大而引起高缺口向低缺口的侧向泄流，造成斜向卷流，使压力分布不匀，需要适当控制高低缺口间的高差。根据柘溪工程的经验，其高差以不超过 4 m 为宜。

在修建混凝土坝，特别是大体积混凝土坝时，这种导流方法由于比较简单而常被采用。

（二）全段围堰法导流

全段围堰法导流，就是在河床主体工程的上下游各建一道拦河围堰，使河水经河床以外的临时泄水道或永久泄水建筑物下泄，主体工程建成或接近建成时，再将临时泄水道封堵。

采用这种导流方式，当在大湖泊出口处修建闸坝时，有可能只筑上游围堰，将施工期间的全部来水拦蓄于湖泊中；另外，在坡降很陡的山区河道上，若泄水道出口的水位低于基坑处河床高程时，也无须修建下部围堰。

全段围堰法导流的泄水道类型有以下几种。

1. 隧洞导流

隧洞导流是指在河岸中开挖隧洞，在基坑上下游修筑围堰，河水经由隧洞下泄。

导流隧洞的布置，取决于地形、地质、枢纽布置以及水流条件等因素，具体要求和水工隧洞类似。但必须指出，为了提高隧洞单位面积的泄流能力，减小洞径，应注意改善隧洞的过流条件。隧洞进出口应与上下游水流相衔接，与河道主流的交角以 30° 左右为宜；隧洞最好布置成直线，若有弯道，其转弯半径以大于五倍洞宽为宜，否则，因离心力作用会产生横波，或因流线折断而产生局部真空，影响隧洞泄流。隧洞进出口与上下游围堰之间要有适当距离，一般宜大于 50m，以防隧洞进出口水流冲刷围堰的迎水面。如河北官厅水库洞口离截流围堰太近，堰体防渗层受进洞主流冲刷，致使两次截流闭气未获成功。一般导流临时隧洞，若地质条件良好，多不做专门衬砌。为降低糙率，应推广光面爆破，以提高泄水量，降低隧洞造价。一般来说，糙率 n 值减小 7%~15%，可使隧洞造价降低 2%~6%。

一般山区河流，河谷狭窄，两岸地形陡峻，山岩坚实，采用隧洞导流较为普遍。但由于隧洞的泄水能力有限，汛期洪水宣泄常需另找出路，如允许基坑淹没或与其他导流建筑物联合泄流。隧洞是造价比较高昂和施工比较复杂的建筑物，因此，导流隧洞最好与永久隧洞相结合，统一布置，合理设计。通常，永久隧洞的进口高程较高，而导流隧洞的进口高程比较低，此时，可开挖一段低高程的导流隧洞与永久隧洞低高程部分相连，导流任务完成后，将导流隧洞进口段堵塞，不影响永久隧洞运行，这种布置俗称“龙抬头”。例如，中国云南毛家村水库的导流隧洞就与永久泄洪隧洞结合起来进行布置。只有当条件不允许时，才专为导流开挖隧洞，导流任务完成后还需将它堵塞。

2. 明渠导流

明渠导流指在河岸上开挖渠道，在基坑上下游修筑围堰，河水经渠道下泄。

导流明渠的布置，一定要保证水流顺畅、泄水安全、施工方便、缩短轴线、减少工程量。明渠进出口应与上下游水流相衔接，与河道主流的交角以 30° 左右为宜；为保证水流畅通，明渠转弯半径应大于五倍渠底宽度；明渠进出口与上下游围堰之间要有适当的距离，一般以 50~100 m 为宜，以防明渠进出口水流冲刷围堰的迎水面；此外，为减少渠中水流向基坑内入渗，明渠水面到基坑水面之间的最短距离以大于 2.5H 为宜，其中，H 为明渠水面与基坑水面的高差，以 m 计。

明渠导流，一般适用于岸坡平缓的河道上，如果当地有老河道可资利用，或工程修建在河流的弯道上，可裁弯取直开挖明渠，若能与永久建筑物相结合则更好，如埃及的阿斯旺坝就是利用了水电站的引水渠和尾水渠进行施工导流，此时采用明渠导流，常比较经济合理。

3. 涵管导流

涵管导流一般在修筑土坝、堆石坝工程中采用。

涵管通常布置在河岸岩滩上，其位置常在枯水位以上，这样可在枯水期不修围堰或只修小围堰而先将涵管筑好，然后再修上、下游全段围堰，将河水引经涵管下泄。

涵管一般是钢筋混凝土结构，当有永久涵管可资利用时，采用涵管导流是合理的。在某些情况下，可在建筑物岩基中开挖沟槽，必要时加以衬砌，然后封上混凝土或钢筋混凝土顶盖，形成涵管。利用这种涵管导流往往可以获得经济、可靠的效果。由于涵管的泄水能力较低，因此，一般仅用于导流量较小的河流上或只用来担负枯水期的导流任务。

必须指出，为了防止涵管外壁与坝身防渗体之间的接触渗流，可在涵管外壁每隔一段距离设置截流环，以延长渗径，降低渗降坡岸，减少渗流的破坏作用。此外，必须严格控制涵管外壁防渗体填料的压实质量，涵管管身的温度缝中的止水也必须认真修筑。

以上按分段围堰法和全段围堰法分别介绍了施工导流的几种基本方法。在实际工作中，由于枢纽布置和建筑物形式的不同以及施工条件的影响，必须灵活应用，进行恰当的组合，才能比较合理地解决一个工程在整个施工期间的施工导流问题。

底孔和坝体缺口泄流并不只适用于分段围堰法导流，在全段围堰法后期导流时常有应用；隧洞和明渠泄流同样并不只适用于全段围堰法导流，在分段围堰法后期导流时也常有应用。因此，选择一个工程的导流方法，必须因时因地制宜，决不能机械地套用。

另外，实际工程中所采用的导流方法和泄水建筑物的形式，除了上面提到的以外，还有其他多种形式。例如当选定的泄水建筑物不能全部宣泄施工期间的洪水时，可以允许围堰过水，采用淹没基坑的导流方法，这在山区河道水位暴涨暴落的条件下，往往是比较经济合理的；在平原河道河床式电站枢纽中，可利用电站厂房导流；在有船闸的枢纽中，可利用船闸的闸室导流；在小型工程中，如果导流设计流量较小，可以穿过基坑架设渡槽来宣泄施工流量等。

（三）导流时段的划分

在工程施工过程中，不同阶段可以采用不同的施工导流方法和挡水泄水建筑物。不同导流方法组合的顺序，通常称为导流程序。导流时段指按照导流程序所划分的各施工阶段的延续时间。导流设计流量只有待导流标准与导流时段划分后，才能相应地确定。

在中国，按河流的水文特征可分为枯水期、中水期和洪水期。在不影响主体工程施工的条件下，若导流建筑物只负担枯水期的挡水泄水任务，显然可大大减少导流建筑物的工程量，改善导流建筑物的工作条件，具有明显的技术经济效果。因此，合理划分导流时段，明确不同时段导流建筑物的工作条件，是既安全又经济地完成导流任务的基本要求。

导流时段的划分与河流的水文特征、水工建筑物的布置和形式、导流方案、施工进度有关。土坝、堆石坝等一般不允许过水，因此，当施工期较短，而洪水来临前又不能完建时，导流时段就要考虑以全年为标准。其导流设计流量，就应按导流标准选择相应洪水重现期的年最大流量。如安排的施工进度能够保证在洪水来临前使坝身起拦洪作用，则导流时段应为洪水来临前的施工时段，导流设计流量则为该时段内按导流标准选择相应洪水重现期的最大流量。当采用分段围堰法导流，中后期用临时底孔泄流来修建混凝土坝时，一般宜划分为三个导流时段：第一时段，河水由束窄的河床通过，进行第一期基坑内的工程施工；第二时段，河水由导流底孔下泄，进行第二期基坑内的工程施工；第三时段，坝体全面升高，可先由导流底孔下泄，底孔封堵以后，则河水由永久泄水建筑物下泄，也可部分或完全拦蓄在水库中，直到工程完建。在各时段中，围堰和坝体的挡水高程和泄水建筑物的泄水能力，均应按相应时段内相应洪水重现期的最大流量进行设计。

山区内河流的特点是洪水期流量特别大，历时短，而枯水期流量特别小，因此，水位变幅很大。例如，上犹江水电站，坝型为混凝土重力坝，坝体允许过水，其所在的河道正常水位时水面宽仅 40 m，水深 6~8 m，当洪水来临时河宽增加不大，但水深却增加到 18m。若按一般导流标准要求设计导流建筑物，不是挡水围堰修得很高，就是泄水建筑物的尺寸很大，而使用期又不长，这显然是不经济的。在这种情况下，可以考虑采用允许基坑淹没的导流方案，就是大水来临时围堰过水，基坑淹没，河床部分停工，待洪水退落、围堰能够挡水时再继续施工。这种方案，由于基坑淹没引起的停工天数不多，对施工进度影响不大，而导流费用却能大幅降低，因此是经济合理的。

（四）导流方案的选择

一个水利水电枢纽工程的施工，从开工到完建往往不是采用单一的导流方法，而是几种导流方法组合起来配合运用，以取得最佳的技术经济效果。这种不同导流时段不同导流方法的组合，通常就称为导流方案。

导流方案的选择受各种因素的影响，必须在周密研究各种影响因素的基础上，拟订几个可能的方案，进行技术经济比较，从中选择技术经济指标优越的方案。

选择导流方案时，应考虑的主要因素如下：

1. 水文条件。河流的流量大小、水位变化的幅度、全年流量的变化情况、枯水期的长短、汛期洪水的延续时间、冬季的流冰及冰冻情况等，均直接影响导流方案的选择。一般来说，对于河床宽、流量大的河流，宜采用分段围堰法导流，对于水位变化幅度大的山区河流，可采用允许基坑淹没的导流方法，在一定时期内通过过水围堰和基坑来宣泄洪峰流量。对于枯水期较长的河流，充分利用枯水期安排工程施工是完全必要的；但对于枯水期不长的河流，如果不利用洪水期进行施工就会拖延工期。对于有流冰的河流，应充分注意流冰的宣泄问题，以免流冰壅塞，影响泄流，造成导流建筑物出现事故。

2. 地形条件。坝区附近的地形条件，对导流方案的选择影响很大。对于河床宽阔的河流，尤其在施工期间有通航、过筏要求的河流，宜采用分段围堰法导流。当河床中有天然石岛或沙洲时，采用分段围堰法导流更有利于导流围堰的布置，特别是纵向围堰的布置。例如，黄河三门峡水利枢纽的施工导流，就曾巧妙地利用了黄河激流中的人门岛、神门岛及其他石岛来布置一期围堰，取得了良好的技术经济效果。在河段狭窄、两岸陡峻、山岩坚实的地区，宜采用隧洞导流。至于平原河道，河流的两岸或一岸比较平坦，或高河湾、老河道可资利用时，则宜采用明渠导流。

3. 地质及水文地质条件。河道两岸及河床的地质条件对导流方案的选择与导流建筑物的布置有直接影响。若河流两岸或一岸岩石坚硬、风化层薄且抗压强度足够时，则选用隧洞导流较有利。如果岩石的风化层厚且破碎，或有较厚的沉积滩地，则适合采用明渠导流。当采用分段围堰法导流时，由于河床的束窄，减小了过水断面的面积，使水流流速增大，这时为了使河床不受过大的冲刷，避免把围堰基础掏空，应根据河床地质条件来决定河床可能束窄的程度。对于岩石河床，其抗冲刷能力较强，河床允许束窄程度较大，甚至有的达到 88%，流速可增加到 7.5 m/s。但对覆盖层较厚的河床，其抗冲刷能力较差，束窄程度多不到 30%，流速仅允许达到 3.0 m/s。此外，所选择围堰形式，基坑是否允许淹没，能否利用当地材料修筑围堰等，也都与地质条件有关。水文地质条件则对基坑排水工作和围堰形式的选择有很大关系。因此，为了更好地进行导流方案的选择，要对地质和水文地质勘测工作提出专门要求。

4. 水工建筑物的形式及布置。水工建筑物的形式和布置与导流方案的选择相互影响，因此，在决定水工建筑物形式和布置时，应该同时考虑并拟订导流方案，而在选定导流方案时，则应该充分利用建筑物形式和枢纽布置方面的特点。

如果枢纽组成中有隧洞、渠道、涵管、泄水孔等永久泄水建筑物，在选择导流方案时应该尽可能加以利用。在设计永久泄水建筑物的断面尺寸并拟订其布置方案时，应该充分考虑施工导流的要求。

采用分段围堰法修建混凝土坝枢纽时，应当充分利用水电站与混凝土坝之间或混凝土坝溢流段和非溢流段之间的隔墙，将其作为纵向围堰的一部分，以降低导流建筑物的造价。在这种情况下，对于第一期工程所修建的混凝土坝，应该核算它是否能够布置二期工程导流的底孔或预留缺口。例如，三峡水利枢纽溢流坝段的宽度，主要就是由二期导流条件所控制的。与此同时，为了防止河床冲刷过大，还应核算河床的束窄程度，保证有足够的过水断面来宣泄施工流量。

就挡水建筑物的形式来说，土坝、土石混合坝和堆石坝的抗冲能力小，除采用特殊措施外，一般不允许从坝身过水，因此，多利用坝身以外的泄水建筑物如隧洞、明渠等或坝身范围内的涵管来导流。这时，通常要求在一个枯水期内将坝身抢筑到拦洪高程以上，以免水流漫顶，发生事故。至于混凝土坝，特别是混凝土重力坝，由于抗冲刷能力较强，允许流速可达 25 m/s，故不但可以通过底孔泄流，还可以通过未完建的坝身过水，使导流方案选择的灵活性大大增加。

5. 施工期间河流的综合利用。施工期间，为了满足通航、筏运、供水、灌溉、渔业或水电站运行等的要求，使导流问题的解决更加复杂。如前所述，在通航河道上，大多采用分段围堰法导流。要求河流在变窄以后，河宽仍能便于船只的通行，水深要与船只吃水深度相适应，束窄断面的最大流速一般不得超过 2.0 m/s，特殊情况需与当地航运部门协商研究确定。

在施工中后期，水库拦洪蓄水时，要注意满足下游供水、灌溉用水和水电站运行的要求。有时为了保证渔业的要求，还要修建临时过鱼设施，以便鱼群能正常地洄游。

6. 施工进度、施工方法及施工场地布置。水利工程的施工进度与导流方案密切相关，通常是根据导流方案安排控制性进度计划。在水利枢纽施工导流过程中，对施工进度起控制作用的关键性时段主要有：导流建筑物的完工期限、截断河床水流的时间、坝体拦洪的期限、封堵临时泄水建筑物的时间，以及水库蓄水发电的时间等。各项工程的施工方法和施工进度直接影响到各时段中导流任务的合理性和可能性。例如，在混凝土坝枢纽中，采用分段围堰施工时，若导流底孔没有建成，就不能截断河床水流或全面修建第二期围堰，若坝体没有达到一定高程且没有完成基础及坝身纵缝接缝灌浆，就不能封堵底孔或水库蓄水等。因此，施工方法、施工进度与导流方案是密切相关的。

此外，导流方案的选择与施工场地的布置亦相互影响。例如，在混凝土坝施工中，当混凝土生产系统布置在一岸时，以采用全段围堰法导流为宜。若采用分段围堰法导流，则应以混凝土生产系统所在的一岸作为第一期工程，因为这样两岸施工交通运输问题比较容易解决。

在选择导流方案时，除了综合考虑以上各方面因素以外，还应使主体工程尽可能及早发挥效益，简化导流程序，降低导流费用，使导流建筑物既简单易行，又适用可靠。

二、施工导流任务实施

1. 分析该水利枢纽的基本资料

认真分析该水利枢纽的水文条件，地形条件，地质及水文地质条件，水工建筑物的形式及布置，施工期河流的综合利用，施工进度，施工方法及施工场地布置等；掌握该枢纽工程的基本要求。

2. 初拟基本可行方案

进行施工导流方案比较与选择之前，应拟订几种基本可行的导流方案。考虑可能采用的导流方式是分期导流还是一次拦断。分期导流应研究分期多少，分段多少，先围哪一岸。还要研究后期导流方式，是采用底孔、缺口，还是未完建厂房；一次拦断方式是采用隧洞、明渠、涵管，还是渡槽、隧洞或明渠布置在哪一岸。另外，无论是分期还是一次拦断，均应考虑基坑是否允许被淹没、是否要采用过水围堰等。在全面分析的基础上，排除明显不合理的方案，保留几种可行方案或可能的组合方案。

3. 方案技术经济指标的分析计算

在进行方案比较时，应着重从以下几个方面进行论证：导流工程费用及其经济性；施工强度的合理性；劳动力、设备、施工负荷的均衡性；施工工期，特别是截流、安装、蓄水、发电或其他受益时间的保证性；施工过程中河道综合利用的可行性；施工导流方案实施的可靠性等。为此，在方案比较时，还应进行以下工作，包括水力计算、工程量计算与费用计算、拟订施工进度计划、施工强度指标计算与分析、河道综合利用的可能性与效果分析等工作。

4. 方案比较与选择

根据上述技术经济指标，综合考虑各种因素，权衡利弊，分清主次。既做定性分析，也做定量比较，最后选择出技术上可靠、经济上合理的实施方案。在比较选择过程中，切忌主观臆断、轻率地确定方案。在导流方案比较中，应以规定的完工期限作为统一基准。在此基础上，再进行技术和经济比较。既要重视经济上的合理性，也要重视技术上的可行性和进度的可靠性。否则，也就没有经济上的合理性可言。总之，应以整体经济效益最优为原则。

5. 细化与完善

对基本确定的导流方式或导流方案进行进一步细化与完善，并进行详尽的阐述。

三、基坑排水的分类

基坑排水工作按排水时间及性质，一般可分为：基坑开挖前的初期排水，包括基坑积水、基坑积水排除过程中围堰及基坑的渗水和降水的排除；基坑开挖及建筑物施工过程中的经常性排水，包括围堰和基坑的渗水、降水、地基岩石冲洗及混凝土养护用废水的排除等。

四、初期排水

1. 排水流量的确定

排水流量包括基坑积水、围堰堰身和地基及岸坡渗水、围堰接头漏水、降雨汇水等。对于混凝土围堰，堰身可视为不透水，除基坑积水外，只计算基础渗水量；对于木笼、竹笼等围堰，如施工质量较好，渗水量也很小；但如施工质量较差，则漏水较大，需区别对待。围堰接头漏水的情况也是如此。降雨汇水计算标准可同经常性排水。初期排水总抽水量为上述诸项之和，其中应包括围堰堰体水下部分及覆盖层地基的含水。积水的计算水位，根据截流程序不同而异。当先截上游围堰时，基坑水位可近似地用截流时的下游水位；当先截下游围堰时，基坑水位可近似采用截流时的上游水位。过水围堰基坑水位应根据退水闸的泄水条件确定。当无退水闸时，抽水的起始水位可近似地按下游堰顶高程计算。排水时间主要受基坑水位下降速度的限制。基坑水位允许下降速度视围堰形式、地基特性及基坑内水深而定。水位下降太快，则围堰或基坑边坡中动水压力变化过大，容易引起塌坡；下降太慢，则影响基坑开挖时间。一般下降速度限制在 0.5~1.5m/d 以内，对土石围堰取下限，混凝土围堰取上限。

排水时间的确定，应考虑基坑工期的紧迫程度、基坑水位允许下降速度、各期抽水设备及相应用电负荷的均匀性等因素，进行比较后选定。

排水量的计算：根据围堰形式计算堰身及地基渗流量，得出基坑内外水位差与渗流量的关系曲线；然后根据基坑允许下降速度，考虑不同高程的基坑面积后计算出基坑排水强度曲线。将上述两条曲线叠加后，便可求得初期排水的强度曲线，其中最大值为初期排水的计算强度。根据基坑允许下降速度，确定初期排水时间。以不同基坑水位的抽水强度乘上相应的区间排水时间之总和，便得初期排水总量。

试抽法。在实际施工中，制订措施计划时，还常用试抽法来确定设备容量。试抽时有以下三种情况：

（1）水位下降很快，表明原选用设备容量过大，应关闭部分设备，使水位下降速度符合设计规定。

（2）水位不下降，此时有两种可能性，基坑有较大漏水通道或抽水容量过小。应查明漏水部位并及时堵漏，或加大抽水容量再行试抽。

（3）水位下降至某一深度后不再下降。此时表明排水量与渗水量相等，需增大抽水容量并检查渗漏情况，进行堵漏。

2. 排水泵站的布置

泵站的设置应尽量做到扬程低、管路短、少迁移、基础牢、便于管理、施工干扰少，并尽可能使排水和施工用水相结合。

初期排水布置视基坑积水深度不同，有固定式抽水站和移（浮）动式抽水站两种。由于水泵的允许吸出高度在 5m 左右，因此当基坑水深在 5m 以内时，可采用固定式抽水站，此时常设在下游围堰的内坡附近。当抽水强度很大时，可在上、下游围堰附近分设两个以上抽水站。当基坑水深大于 5m 时，则以采用移（浮）动式抽水站为宜。此时水泵可布置在沿斜坡的滑道上，利用绞车操纵其上、下移动；或布置在浮动船、筏上，随基坑水位上升和下降，避免水泵在抽水中多次移动，影响抽水效率和增加不必要的抽水设备。

五、经常性排水

1. 排水系统的布置

排水系统的布置通常应考虑两种不同的情况：一是基坑开挖过程中的排水系统布置；二是基坑开挖完成后建筑物施工过程的排水系统布置。在具体布置时，最好能结合起来考虑，并使排水系统尽可能不影响施工。

（1）基坑开挖过程中的排水系统

基坑开挖过程中的排水系统应以不妨碍开挖和运输工作为原则。根据土方分层开挖的要求，分次降低地下水位，通过不断降低排水沟高程，使每一开挖土层呈干燥状态。一般常将排水干沟布置在基坑中部，以利两侧出土。随着基坑开挖工作的进展，逐渐加深排水干沟和支沟，通常保持干沟深度为 1.0~1.5m，支沟深度为 0.3~0.5m。集水井布置在建筑物轮廓线的外侧，集水井应低于干沟的沟底。

有时基坑的开挖深度不一，即基坑底部不在同一高程，这时应根据基坑开挖的具体情况布置排水系统。有的工程采用层层截流、分级抽水的方式，即在不同高程上布置截水沟、集水井和水泵，进行分级排水。

（2）修建建筑物时的排水系统

该阶段排水的目的是控制水位低于基坑底部高程，保证施工在干地条件下进行。修建建筑物时的排水系统通常都布置在基坑的四周，排水沟应布置在建筑物轮廓线的外侧，距基坑边坡坡脚不小于 0.3~0.5m，排水沟的断面和底坡，取决于排水量的大小。一般排水沟底宽不小于 0.3m，沟深不大于 1.0m，底坡不小于 2‰。在密实土层中，排水沟可以不用支撑，但在松土层中，则需木板支撑。

水经排水沟流入集水井，在井边设置水泵站，将水从集水井中抽出。集水井布置在建筑物轮廓线以外较低的地方，它与建筑物外缘的距离必须大于井的深度。井的容积至少要保证水泵停工 10~15min，由排水沟流入集水井中的水量不致集水井漫溢。

为防止降雨时因地面径流进入基坑而增排水量甚至淹没基坑影响正常施工，往往在基坑外缘挖设排水沟或截水沟，以拦截地面水。排水沟或截水沟的断面尺寸及底坡应根据流量和土质确定，一般沟宽和沟深不小于 0.5m，底坡不小于 2‰，基坑外地面排水最好与道路排水系统结合，便于采用自流排水。

2. 排水量的估算

经常性排水包括围堰和基坑的渗水、排水过程中的降水、施工弃水等。

渗水，主要计算围堰堰身和基坑地基渗水两部分，应按围堰工作过程中可能出现的最大渗透水头来计算，最大渗水量还应考虑围堰接头漏水及岸坡渗流水量等。

降水汇水，取最大渗透水头出现时段中日最大降雨强度进行计算，要求在当日排干。当基坑有一定的集水面积时，需修建排水沟或截水墙，将附近山坡形成的地表径流引向基坑以外。当基坑范围内有较大集雨面积的溪沟时还需有相应的导流措施，以防暴雨径流淹没基坑。

施工用水包括混凝土养护用水、冲洗用水（凿毛冲洗、模板冲洗和地基冲洗等）、冷却用水、土石坝的碾压和冲洗用水及施工机械用水等。用水量应根据气温条件、施工强度、混凝土浇筑层厚度、结构形式等确定。混凝土养护用弃水，可近似地以每方混凝土每次用水 5L、每天养护 8 次计算，但降水和施工弃水不得叠加。

六、人工降低地下水位

在经常性排水过程中，为保证基坑开挖工作始终在干地进行，常常要多次降低排水沟和集水井的高程，变换水泵站的位置，影响开挖工作的正常进行。此外，在开挖细沙土、沙壤土一类地基时，随着基坑底面的下降，坑底与地下水位的高差越来越大，在地下水渗透压力作用下，容易产生边坡坍塌、坑底隆起等事故，对开挖带来不利影响。采用人工降低地下水位就可避免上述问题的发生。

人工降低地下水位的方法按排水工作原理来分有管井法和井点法两种。

1. 管井法降低地下水位

管井法降低地下水位时，在基坑周围布置一系列管井，管井中放入水泵的吸水管，地下水在重力作用下流入井中，被水泵抽走。

管井法降低地下水位时，需先设管井，管井通常由下沉钢井管组成，在缺乏钢管时也可用预制混凝土管代替。

井管的下部安装水管节，有时在井管外还需设置反滤层，地下水从滤水管进入井管中，水中的泥沙则沉淀在管中。

井管通常用射水法下沉，当土层中夹有硬黏土、岩石时，需配合钻机钻孔。射水下沉时，先用高压水冲土，下沉套管，较深时可配合振动或锤击，然后在套管中插入井管，最后在套管与井管的间隙中填反滤层和拔套管。管井中可应用各种抽水设备，但主要是离心式水泵、深井水泵或潜水泵。

2. 井点法降低地下水位

井点法和管井法不同，它把井管和水泵的吸水管合二为一，简化了井的构造，便于施工。井点法降低地下水位的设备，根据其降深能力分轻型井点（浅井点）和深井点等。

（1）轻型井点

轻型井点是由井管、集水总管、普通离心式水泵、真空泵和集水箱等设备组成的一个排水系统。

轻型井点井管直径为38~50mm，间距为0.6~1.8m，最大可到3.0m，地下水从井管下端的滤水管借真空泵和水泵的作用流入管内，沿井管上升汇入集水总管，经集水箱，由水泵抽出。

井点系统排水时，地下水位的下降深度，取决于集水箱的真空度与管路的漏气和水头损失。一般集水箱内真空度为53~80kPa（400~600mmHg），相应的吸水高度5~8m，扣去各种损失后，地下水位的下降深度为4~5m。当要求地下水位降低的深度超过4~5m时，可以像井管一样分层布置井点，每层控制3~4m，但以不超过三层为宜。

（2）深井点

深井点与轻型井点不同，它的每一根井管上都装有扬水器（水力扬水器或压气扬水器），因此它不受吸水高度的限制，有较大的降深能力。深井点有喷射井点和压气扬水井点两种。

1）喷射井点

喷射井点由集水池、高压水泵、输水干管和喷射井管等组成。喷射井点排水的过程是：高压水泵将高压水压入内管与外管间的环形空间，经进水孔由喷嘴以10~50m/s高速喷出，由此产生负压，使地下水经滤管吸入内管，在混合室中与高速的工作水混合，经喉管和扩散管以后，流速水头转变为压力水头，将水压到地面的集水池中。

高压水泵从集水池中抽水作为工作水，而池中多余的水则任其流走或用低压水泵抽走。通常一台高压水泵能为30~35个井点服务，其最适宜的降低水位范围为5~18m。喷射井点的排水效率不高，一般用于渗透系数为3~50m/d，渗流量不大的场合。

2）压气扬水井点

压气扬水井点是用压气扬水器进行排水，排水时压缩空气由输气管送来，由喷气装置进入扬水管，于是管内容重较轻的水气混合液，在管外压力的作用下，沿扬水管上升到地面排走。为了达到一定的扬水高度，就必须将扬水管沉入井中足够的潜没深度，使扬水管内外有足够的压力差。压气扬水井点降低地下水最大可达 40m。

3）电渗井

在渗透系数小于 0.1m/d 的黏土或淤泥中降低地下水位时，比较有效的方法是电渗井点降水。

电渗井点排水时，沿基坑四周布置两列正负电极。正极通常用金属管做成，负极就是井点的排水井，在土中通过电流以后，地下水将从金属管（正极）向井点（负极）移动集中，然后再由井点系统的水泵抽走。电流由直流发电机提供。

第二节　爆破工程

一、爆破的概念与分类

（一）爆破的概念

爆破是炸药爆炸作用于周围介质的结果。埋在介质内的炸药引爆后，在极短的时间内，由固态转变为气态，体积增加数百倍甚至几千倍，伴随产生极大的压力和冲击力，同时还产生很高的温度，使周围介质受到各种不同程度的破坏，称为爆破。

（二）爆破的常用术语

1. 爆破作用圈

当具有一定质量的球形药包在无限均质介质内爆炸时，在爆炸作用下，距离药包中心不同区域的介质，由于受到的作用力不同，因而产生不同程度的破坏或振动现象。整个被影响的范围就叫作爆破作用圈。这种现象随着与药包中心间距离的增大而逐渐消失，按对介质作用不同可分为 4 个作用圈，如图 2-1 所示。

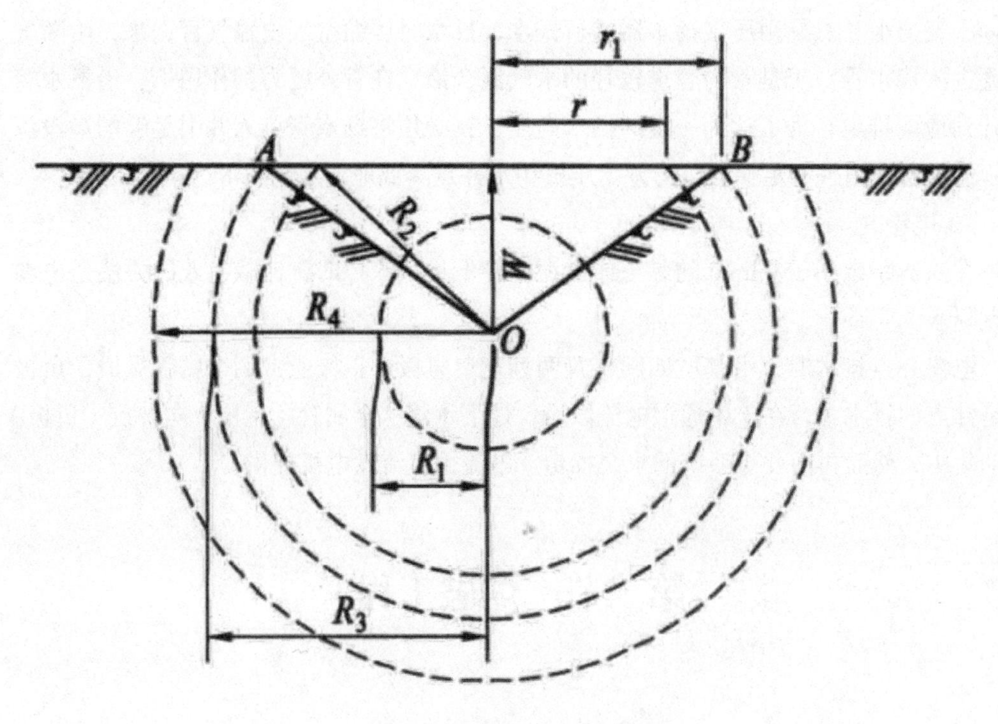

图 2-1　爆破影响范围示意图

（1）压缩圈

如图 2-1 所示，R_1 表示压缩圈半径，在这个作用圈范围内，介质直接承受了药包爆炸而产生的极其巨大的作用力，因而如果介质是可塑性的土壤，便会遭到压缩形成孔腔；如果介质是坚硬的脆性岩石，便会被粉碎。所以把 R_1 这个球形地带叫作压缩圈或破碎圈。

（2）抛掷圈

围绕在压缩圈范围以外至 R_2 的地带，其受到的爆破作用力虽较压缩圈范围内小，但介质原有的结构受到破坏，分裂成为各种尺寸和形状的碎块，而且爆破作用力尚有余力足以使这些碎块获得能量。如果这个地带的某一部分处在临空的自由面条件下，破坏了的介质碎块便会产生抛掷现象，因而叫作抛掷圈。

（3）松动圈

松动圈又称破坏圈。在抛掷圈以外至 R_3 的地带，爆破的作用力更弱，除了能使介质结构受到不同程度的破坏外，没有余力可以使破坏了的碎块产生抛掷运动，因而叫作破坏圈。工程上为了实用起见，一般还把这个地带被破碎成为独立碎块的一部分叫作松动圈，而把只是形成裂缝、互相间仍然连成整块的一部分叫作裂缝圈或破裂圈。

（4）震动圈

在破坏圈范围以外，微弱的爆破作用力甚至不能使介质产生破坏。这时介质只能在应力波的作用下，产生震动现象，这就是图 2-1 中 R_4 所包括的地带，通常叫作震动圈。震动圈以外爆破作用的能量就完全消失了。

2. 爆破漏斗

在有限介质中爆破，当药包埋设较浅，爆破后将形成以药包中心为顶点的倒圆锥形爆破坑，称为爆破漏斗。爆破漏斗的形状多种多样，随着岩土性质、炸药的品种性能和药包大小及药包埋置深度等的不同而变化。

3. 最小抵抗线

最小抵抗线即由药包中心至自由面的最短距离。

4. 爆破漏斗半径

爆破漏斗半径即在介质自由面上的爆破漏斗半径。

5. 爆破作用指数

爆破作用指数是爆破漏斗半径 r 与最小抵抗线 w 的比值。

爆破作用指数的大小可判断爆破作用性质及岩石抛掷的远近程度，也是计算药包量、决定漏斗大小和药包距离的重要参数。一般用 n 来区分不同爆破漏斗，划分不同爆破类型：当 $n=1$ 时，称为标准抛掷爆破漏斗；当 $n>1$ 时，称为加强抛掷爆破漏斗；当 $0.75<n<1$ 时，称为减弱抛掷爆破漏斗；当 $0.33<n\leq0.75$ 时，称为松动爆破漏斗；当 $n\leq0.33$ 时，称为裸露爆破漏斗。

6. 可见漏斗深度

经过爆破后所形成的沟槽深度叫作可见漏斗深度，它与爆破作用指数大小、炸药的性质、药包的排数、爆破介质的物理性质和地面坡度有关。

7. 自由面

自由面又称临空面，指被爆破介质与空气或水的接触面。同等条件下，临空面越多炸药用量越小，爆破效果越好。

8. 二次爆破

二次爆破指大块岩石的二次破碎爆破。

9. 破碎度

破碎度指爆破岩石的块度或块度分布。

10. 单位耗药量

单位耗药量指爆破单位体积岩石的炸药消耗量。

11. 炸药换算系数

炸药换算系数指某炸药的爆炸力与标准炸药爆炸力之比（目前以 2# 岩石铵梯炸药为标准炸药）。

（三）药包种类及药量计算

药包的类型不同，爆破的效果也各异。按形状，药包分为集中药包和延长药包，具体可通过药包的最长边 L 和最短边 a 的比值进行划分：当 L/a≤4 时，为集中药包；当 L/a>4 时，为延长药包。

对于大爆破，采用洞室装药，常用集中系数 ϕ 来区分药包的类型。

1. 对单个集中药包，其装药量计算公式为：

$$Q=KW^3 f(n)$$

式中：K 为规定条件下的标准抛掷爆破的单位耗药量，kg/m^3；W 为最小抵抗线，m；f(n) 为爆破作用指数的函数。

2. 对钻孔爆破，一般采用延长药包，其药量计算公式为：

$$Q=qV$$

式中：q 为钻孔爆破条件下的单位耗药量，kg/m^3；V 为钻孔爆破所需爆落的方量，m^3。

总之，装药量的多少，取决于爆破岩石的体积、爆破漏斗的规格和其他有关参数，但是上述公式，对于爆破质量、岩石破碎块度等要求，均未得到反映。因此，必须在实际应用中根据现场具体条件和技术要求，加以必要的修正。

二、爆破材料及起爆方法

（一）爆破材料

1. 炸药

（1）炸药的性能指标

通常应根据岩石性质和爆破要求选择不同特性的炸药。反映炸药特性的基本性能指标有：

1）威力。威力分别以爆力和猛度表示。爆力又称静力威力，用定量炸药炸开规定尺寸铅柱体内空腔的容积（mL）来表示，它表征炸药膨胀介质的能力。猛度又称动力威力，用定量炸药炸塌规定尺寸铅柱体的高度（mm）来表示，它表征炸药粉碎介质的能力。

2）氧平衡。它是炸药含氧量和氧化反应程度的指标。当炸药的含氧量恰好等于可燃物完全氧化所需要的氧量时，则生成无毒 CO_2 和 H_2O，并释放大量热能，称为正氧平衡。若含氧量不足，就会生成有毒的 CO，称为负氧平衡，释放能量也仅为正氧平衡的 1/3 左右。不难看出，从充分发挥炸药化学反应的放热能力和有利于安全出发，炸药最好是零氧平衡。考虑到炸药包装材料燃烧的需氧量，炸药通常配制成微量的正氧平衡。氧平衡可通过炸药的掺和来调节。例如 TNT 炸药是负氧平衡，掺入正氧平衡的硝酸铵，使之达到微量的正氧平衡。对于正氧平衡的炸药卷，也可增加包装纸爆炸燃烧达到零氧平衡。

3)最佳密度。最佳密度是炸药能获得最大爆破效果的密度。凡高于和低于此密度，爆破效果都会降低。

4）安定性。炸药在长期储存中，具有保持自身性质稳定不变的能力。

5）敏感度。敏感度是炸药在外部能量激发下，引起爆炸反应的难易程度。

6）殉爆距。殉爆距是炸药包的爆炸引起相邻药包起爆的最大距离，以 cm 计。

（2）常用的工业炸药

1)TNT(三硝基甲苯)。这是一种烈性炸药，呈黄色粉末或鱼鳞片状，难溶于水，可用于水下爆破。由于此炸药威力大，常用来做副起爆药。爆炸后呈负氧平衡，产生有毒的 CO，故不适于地下工程爆破。

2）胶质炸药（硝化甘油炸药）。这是一种烈性炸药，色黄、可塑、威力大、密度大、抗水性强，可做副起爆炸药，也可用于水下及地下爆破工程。它的冻结温度高达 13.2℃，冻结后，敏感度高，安全性差。随着硝铵类含水炸药的出现，该类炸药的使用日趋减少。

3)铵梯炸药。其主要成分是硝酸铵加少量的 TNT 和木粉。调整三种成分的百分比，可制成不同性能的铵梯炸药。这种炸药敏感度低，使用安全;缺点是吸湿性强，易结块，使爆力和敏感度降低。

2 号岩石铵梯炸药得到广泛应用，并作为中国药量计算的标准炸药。其猛度为 12mm，殉爆距离 5cm，炸药卷直径为 32~35mm，处于最佳密度时的药卷爆速约为 3600 m/s，储存有效期为 6 个月。

4）浆状炸药。这是以氧化剂的饱和水溶液、敏化剂及胶凝剂为基本成分的抗水硝铵类炸药。含有水溶性胶凝剂的浆状炸药又叫水胶炸药，具有抗水性强、密度高、爆炸威力较大、原料来源广泛和使用安全等优点，主要缺点是储存期短，在露天、有水的深孔爆破中应用广泛。

5）铵油炸药。其主要成分是硝酸铵和柴油，为减少结块，可加入木粉。理论与实践表明，硝酸铵、柴油、木粉的最佳配比为 92 ∶ 4 ∶ 4；当无木粉时，含油率以 6% 较好。铵油炸药成本低、使用安全、易于生产，但威力和敏感度较低。热加工拌和均匀的细粉状铵油炸药，可用 8 号雷管起爆；冷加工颗粒较粗、拌和较差的粗粉状铵油炸药需用中继药包始能起爆。铵油炸药的有效储存期仅为 7~15 天，一般在施工现场拌制。

6）乳化炸药。这是以氧化剂（主要是硝酸铵）水溶液与油类经乳化而成的油包水型乳胶体作为爆炸基质，再添加少量敏化剂、稳定剂等添加剂而成的一种乳脂状炸药。乳化炸药的爆速较高，且随药柱直径的增大、炸药密度的增大而提高。乳化炸药有抗水性强，爆炸性能好，原材料来源广，加工工艺简单，生产使用安全和环境污染小等优点。有效储存期为4~6个月。

在水利水电工程建设中，较常见的工业炸药为铵梯炸药、乳化炸药和铵油炸药。

2. 起爆器材

常用的起爆器材包括各种雷管、用来引爆雷管或爆轰波的各种材料。

（1）火雷管和电雷管

根据点火装置的不同，雷管分为火雷管和电雷管。前者在帽孔前的插索腔内插入导火索点火引爆；后者有电器点火装置点火引爆正起炸药雷汞或迭氮铅，再激发副起爆药产生爆轰。正起爆药外用金属加强帽封盖。电雷管有即发、秒延迟和毫秒延迟三种。常用的即发雷管为6~8号。秒延迟雷管不同于即发雷管之处在于点火装置与加强帽之间多了一段缓燃剂，根据缓燃剂的特点控制延迟时间，国产的秒延迟雷管分7段，每段延迟时间为1s。毫秒延迟电雷管的构造是在点火装置与加强帽之间增设毫秒延迟药，国产毫秒延迟雷管有五个系列产品，其中第五系列被广泛运用，共计20段，最大延迟时间可达2000 ms。

（2）导火索

导火索用来激发火雷管。索心为黑火药，外壳用棉线、纸条和防水材料等缠绕和涂抹而成。按使用场合不同，导火索有普通型、防水型和安全型三种。使用最多的是每米燃烧时间为100~125s的普通型导火索。

（3）导爆索（线状雷管）

导爆索可分为安全导爆索和露天导爆索。水利水电常用的为露天导爆索。导爆索构造类似于导火索，但其药芯为黑索金（炸药），外表涂成红色，以示区别。普通导爆索的爆速一般不低于6500 m/s，线装药密度为12~14g/m。合格的导爆索在0.5m深的水中浸泡24h后，其敏感度和传爆性能不变。

（4）导爆管

导爆管用于导爆管起爆网络中冲击波的传递，需用雷管引爆。它为一种聚乙烯空心软管，外径3mm，内径1.4mm，管内壁涂有以奥克托金或黑索金为主体的粉状炸药，线敷药密度为14~18 mg/m。导爆管的传爆速度为1600~2000 m/s。

3. 起爆网络

当采用群药包进行爆破时，为了取得理想的爆破效果，常用起爆材料将各药包按一定顺序连接起来，即爆破网络。

工程爆破中采用的起爆网络可分为电力起爆网络、导爆索起爆网络、导爆管起爆网络、混合起爆网络及延时起爆网络等。

（二）起爆方法

工程应用中应根据环境条件、爆破规模、技术和经济效果、安全标准和炮工技术水平合理选用起爆方法。炸药的基本起爆方法包括：导火索起爆法、电力起爆法、导爆管起爆法和非电塑料导爆索起爆法。

常用的起爆方法有电力起爆和非电力起爆两大类，后者又包括火花起爆、导爆管起爆和导爆索起爆。

1. 火花起爆

火花起爆法是以导火索燃烧时的火花引爆雷管进而起爆炸药的起爆方法。火花起爆法所用的材料有火雷管、导火索及点燃导火索的点火材料等。

火花起爆法的优点是：操作简单，准备工作少，成本较低。其缺点是：操作人员处于操作地点，不够安全。目前主要用于浅孔和裸露药包的爆破，在有水或水下爆破中不能使用。

2. 电力起爆

电力起爆法就是利用电能引爆电雷管进而起爆炸药的起爆方法，它所需的起爆器材有电雷管、导线和起爆源等。本法可以同时起爆多个药包，可间隔延期起爆，安全可靠，但是操作较复杂，准备工作量大，需较多电线及一定检查仪表和电源设备，适用于大中型重要的工程爆破。

电力起爆网路主要由电源、电线、电雷管等组成。

电力起爆的电源，可用普通照明电源或动力电源，最好使用专线。当缺乏电源而爆破规模又较小和起爆的雷管数量不多时，也可用于电池或蓄电池组合使用。另外还可以使用电容式起爆电源，即发爆器起爆。国产的发爆器有 10 发、30 发、50 发和 100 发几种型号，最大一次可起爆 100 个以内串联的电雷管，十分方便。但因其电流很小，故不能起爆并联雷管。常用的形式有 DF-100 型、FR81-25 型、FR81-50 型。

电爆网路中的导线一般采用绝缘良好的铜线和铝线。在大型电爆网路中的常用导线按其位置和作用划分为端线、连接线、区域线和主线。端线用来加长电雷管脚线，使之能引出孔口或洞室之外。端线通常采用断面为 0.2~0.4 mm^2 的铜芯塑料皮软线。连接线是用来连接相邻炮孔或药室的导线，通常采用断面为 1~4 mm^2 的铜芯或铝芯线。主线是连接区域线与电源的导线，常用断面为 16~150mm^2 的铜芯或铝芯线。

电雷管主要参数：

（1）最高安全电流

给电雷管通以恒定的直流电，在较长时间（5min）内不致使受发电雷管引火头发火的最大电流，称为电雷管最高安全电流。按规定，国产电雷管通 50 mA 的电流，持续 5 min 不爆的为合格产品。按安全规程规定，测量电雷管电爆网路的爆破仪表，其输出工作电流不得大于 30 mA。

（2）最低准爆电流

给电雷管通一恒定的直流电，保证在 1min 内必定使任何一发电雷管都能起爆的最小电流，称为最低准爆电流。国产电雷管的准爆电流不大于 0.7 A。

（3）电雷管电阻

电雷管电阻是指桥丝电阻与脚线电阻之和，又称电雷管安全电阻。电雷管在使用前应测定每个电雷管的电阻值（只准使用规定的专用仪表），且在同一爆破网络中使用的电雷管应为同厂同型号产品。

3. 导爆管起爆法

导爆管起爆法是利用导爆管来传递冲击波引爆雷管，然后使药包爆炸的一种新式起爆方法。导爆管起爆网路通常由激发元件、传爆元件、起爆元件和连接元件组成。这种方法导爆速度快，可同时起爆多个药包;作业简单、安全;抗杂散电流，起爆可靠。但导爆管连接系统和网路设计较为复杂，适用于露天、井下、深水、杂散电流大和一次起爆多个药包的微差爆破作业中进行瞬发或秒延期爆破。

4. 导爆索起爆法

导爆索起爆法指用导爆索爆炸产生的能量直接引爆药包的起爆方法。这种起爆方法所用的起爆器材有雷管、导爆索、继爆管等。

导爆索起爆法的优点是：导爆速度高，可同时起爆多个药包，准爆性好；连接形式简单，无复杂的操作技术；在药包中不需要放雷管，故装药、堵塞时都比较安全。其缺点是：成本高，不能用仪表来检查爆破线路的好坏。该方法适用于瞬时起爆多个药包的炮孔、深孔或洞室爆破。

三、爆破施工

（一）爆破方法

工程爆破的基本方法按照药室的形状不同主要可分为钻孔爆破和洞室爆破两大类。爆破方法的选取取决于施工条件、工程规模和开挖强度的要求。在岩体的开挖轮廓线上，为了获得平整的轮廓面、减少爆破对保留岩体的损伤，通常采用预裂或光面爆破等技术。另外根据不同需要还有定向爆破、岩塞爆破、拆除爆破等特种爆破。

1. 钻孔爆破

根据孔径的大小和钻孔的深度，钻孔爆破又分为浅孔爆破和深孔爆破。前者孔径小于 75 mm，孔深小于 5 m；后者孔径大于 75 mm，孔深超过 5 m。

浅孔爆破有利于控制开挖面的形状和规格，使用的钻机具也较为简单，操作方便；缺点是劳动生产率较低，无法适应大规模爆破的需要。浅孔爆破大量应用于露天工程的中小型料场的开采、水工建筑物基础分层开挖、地下工程开挖及城市建筑物的控制爆破。

深孔爆破则恰好弥补了浅孔爆破的一些缺点，主要适用于料场和基坑的大规模、高强度开挖。

同时炮孔的布置也应该合理，在施工中形成台阶状，充分利用天然临空面或创造更多的临空面，达到提高爆破效果，降低成本，便于组织钻孔、装药、爆破和出渣的平行流水作业，避免干扰，加快进度等目的。

2. 洞室爆破

洞室爆破通常也称为大爆破。它是先在山体内开挖导洞及药室，在药室内装入大量炸药组成的集中药包，一次可以爆破大量石方。洞室爆破可以进行松动爆破或定向爆破。进入洞室的导洞有平洞及竖井两种形式，平洞的断面一般为 1.0m × 1.4 m~1.2m × 1.8m，竖井的断面为 1.0m × 1.2m~1.5m × 1.8m。平洞以不超过 30 m 长为宜，竖井以不超过 20 m 深为宜，平洞施工方便，且便于通风、排水，应优先选用。药室的开挖容积与装药量、装药系数及装药密度有关，其形状有正方形、长方形、回字形、T 字形和十字形等。其容积可按下式计算：

$$V=AQ/\triangle$$

式中：V——药室的开挖容积（m^2）；

Q——药包重量（kg）；

A——装药系数，与药室装药工作条件有关，一般为 1.10~1.15；

△——炸药装药密度（kg/m^3）。

在洞室爆破中，一个导洞往往连接两个或多个药室，药室与药室间的距离为最小抵抗线的 0.8~1.2 倍。

洞室爆破的电力起爆线路一般采用并串连接或串并联的复式线路方式电爆网络或采用导爆索网络，以保证完全起爆。起爆药包宜采用起爆敏感度及爆速较高的炸药，起爆药包的重量占药包总重量的 1%~2%，通常装在木板箱内，由导爆索和雷管来引爆。在有地下水的药室内，起爆药应有防水防潮能力。

在药室内有多个起爆药包时，为避免电爆网络引线过多而产生接线差错，可在主起爆药包用电雷管起爆，其他副起爆药包由主起爆药包引出的导爆索引爆。

洞室爆破在装药时，应注意把近期出厂且未受潮的炸药放在药室中部，并把起爆药包放置在中间，装完全部药后立即用黏土和细石渣将导洞堵塞。竖井一般要全堵，先在靠近药包处填黏土并拍实，填入 2~3m 黏土后再回填石渣。回填堵塞时，对引出的起爆线路要细心保护。

3. 定向爆破筑坝

定向爆破筑坝是利用陡峻的岸坡布药，定向松动崩塌或抛掷爆落岩石至预定位置，截断河道，然后通过人工修整达到坝体设计要求的筑坝技术。

（1）适用条件

定向爆破筑坝，地形上要求河谷狭窄，岸坡陡峻（倾角在40° 以上），山高山厚应为设计坝高的两倍以上；地质上要求爆区岩性均匀、强度高、风化弱、结构简单、覆盖层薄、地下水位低、渗水量小；水工上对坝体有严格防渗要求的多采用斜墙防渗，对坝体防渗要求不甚严格的，可通过爆破控制粒度分布，抛成宽体堆石坝，不另筑防渗体。泄水和导流建筑物的进出口应在堆积范围以外并满足防止爆震的安全要求；施工上要求爆前完成导流建筑物、布药岸的交通道路、导洞药室的施工及引爆系统的铺设等。

（2）药包布置

定向爆破筑坝的药包布置可以采用一岸布药，或两岸布药。当河谷对称，两岸地形、地质、施工条件较好时则应采用两岸爆破，这样有利于缩短抛距，节约炸药，增加爆堆方量，减少人工加高工程量。当一岸不具备以上条件，或河谷特窄，一岸山体雄厚，爆落方量已能满足需要时则一岸爆破也是可行的。定向爆破药包布置应在保证工程安全的前提下，尽量提高抛掷上坝方量。从维护工程安全的角度出发，要求药包位于正常水位以上，且大于铅直破坏半径。药包与坝肩的水平距离应大于水平破坏半径。药包布置应充分利用天然凹岸，在同一高程按坝轴线对称布置单排药包。若河段平直，则宜布置双排药包，利用前排的辅助药包创造人工临空面，利用后排的主药包保证上坝堆积方量。

4. 预裂爆破和光面爆破

为保证保留岩体按设计轮廓面成型并防止围岩破坏，可采用轮廓控制爆破技术。常用的轮廓控制爆破技术包括预裂爆破和光面爆破。所谓预裂爆破，就是首先起爆布置在设计轮廓线上的成排的预裂爆破孔内的延长药包，形成一条沿设计轮廓线贯穿的裂缝，再进行该裂缝以外的主体开挖部位的爆破，保证保留岩体免遭破坏；光面爆破是先爆除主体开挖部位的岩体，然后再起爆布置在设计轮廓线上的周边孔药包，将光爆层炸除，形成一个平整的开挖面。

预裂爆破和光面爆破在坝基、边坡和地下洞岩体开挖中获得了广泛应用。

5. 岩塞爆破

岩塞爆破是一种水下控制爆破。在已建水库或天然湖泊中，若拟通过引水隧洞或泄洪洞达到取水、发电、灌溉、泄洪和放空水库或湖泊等目的，为避免隧洞进水口修建时在深水中建造围堰，采用岩塞爆破是一种经济而有效的方法。施工时，先从隧洞出口逆水流向开挖，待掌子面到达水库或湖泊的岸坡或底部附近时，预留一定厚度的岩塞，待隧洞和进口控制闸门井全部完建后，再一次将岩塞炸除，使隧洞和水库或湖泊连通。

6. 拆除爆破

中国水电工程普遍采用混凝土、混凝土心墙以及岩坎等结构形式的围堰。当它们完成挡水导流功能后，一般采取爆破法拆除。围堰拆除爆破按照岩渣的处理方式，可分为泄渣爆破和留渣（聚渣）爆破两类。

泄渣爆破是利用水流的力量将爆渣冲向下游河道的爆破方法，导流洞（导流明渠）出口围堰和基坑下游围堰一般采用泄渣爆破法。

留渣爆破是指围堰经爆破破碎后，再利用机械进行水下清渣的方法，上游围堰的拆除一般采用此法。

围堰和岩坎爆破施工一般是利用其顶面、非临水面及围堰内部廊道等无水区进行钻爆作业。其炮孔布置根据实际需要可采用铅直孔、水平孔、扇形孔、水平孔和铅直孔相结合等不同方式，采用钻孔爆破、洞室爆破或洞室和钻孔爆破相结合的方法进行爆破；在起爆网络上则广泛运用导爆管双复式交叉接力起爆网络。

进行围堰和岩坎爆破设计时，必须确保一次爆破成功，满足过流条件，并确保邻近爆区各种已建水工建筑物的安全。

7. 改善爆破效果的方法和措施

改善爆破效果归根结底是提高爆破的有效能量利用率，并针对不同情况采取不同措施。

（1）合理利用和创造人工自由面。实践证明，充分利用多面临空的地形，或人工创造多面临空的自由面，有利于降低爆破的单位耗药量。当采用深孔爆破时，增加梯度高度或用斜孔爆破，均有利于提高爆效率。平行坡面的斜孔爆破，由于爆破时沿坡面的阻抗大体相等，且反射拉力波的作用范围增大，通常可较铅直孔的能量利用率提高 50%。斜孔爆破后边坡稳定，块度均匀，还有利于提高装车效率。

（2）采用毫秒微差挤压爆破。毫秒微差挤压爆破是利用孔间雷管的微差池发不断创造临空面，使岩体内的应力波与先期产生残留在岩体内的应力叠加，从而提高爆破的能量利用率。

毫秒微差挤压爆破在深孔爆破中可降低单位耗药量 15%~25%，且使超径大块料降低到 1% 以下。

（3）分段装药爆破。常规孔眼爆破，药包位于孔底，爆能集中，爆后块度不匀。为改善爆效，沿孔长分段装药，使爆能均匀分布，且增长爆压作用时间。

（4）采用不耦合装药。药包和孔壁（洞壁）间留一定空气间隙，形成不耦合装药结构。由于药包四周存在空隙，降低了爆炸的峰压，从而降低或避免了过度粉碎岩石，同时使爆压作用时间增长，从而增大了爆破冲量，提高了爆破能量利用率。

（5）保证堵塞长度和堵塞质量。实践证明，当其他条件相同时，堵塞良好的爆破效果及能量利用率较堵塞不良的可以成倍地提高。

（二）爆破工序

爆破施工是把爆破设计付诸实施的一系列工序环节，包括装药、堵塞、起爆网络连接、警戒后起爆和爆破后可能出现的问题处理等。

1. 装药

装药前应对炮孔参数进行检查验收，测量炮孔位置、炮孔深度是否符合设计要求。然后对钻孔进行清孔，可用风管通入孔底，利用压缩空气将孔内的岩渣和水分吹出。确认炮孔合格后，即可进行装药工作。一定要严格按照预先计算好的每孔装药量和装药结构进行装药，如炮孔中有水或是潮湿，应采取防水措施或改用防水炸药。

装炸药时注意起爆药包的安放位置要符合设计要求。另外，在炮孔内放入起爆药包后，先接着放入一两个普通药包，再用炮棍轻轻压紧，不可用猛力去捣实起爆药包，防止早爆事故或将雷管脚线拉断造成拒爆。但当采用散装药时，应在装入药量的80%~85% 之后再放入起爆药包，这样做有利于防止静电等因素引起的早爆事故。当采用导爆索起爆时，假如周边孔爆破，应该用胶布将导爆索与每个药卷紧密贴合，才能充分发挥导爆索的引爆作用。

2. 堵塞

炮孔装药后孔口未装药部分应该用堵塞物进行堵塞。良好的堵塞能阻止爆轰气体产物过早地从孔门冲出，保证爆炸能量的利用率。

常用的堵塞材料有砂子、黏土、岩粉等。而小直径炮孔则常用炮泥，它是用砂子和黏土混合配制而成的，其重量比为 3 ：1，再加上 20% 的水，混合均匀后再揉成直径稍小于炮孔直径的炮泥段。堵塞时将炮泥段送入炮孔，用炮棍适当挤压捣实。炮孔堵塞段应是连续的，中间不要间断。堵塞长度与抵抗线有关，一般来说，堵塞段长度不能小于最小抵抗线。

3. 起爆网络连接

采用电雷管或导爆管雷管起爆系统时，应根据设计具体要求进行网络连接。

4. 警戒后起爆

警戒人员应按规定警戒点进行警戒，在未确认撤除警戒前不得擅离职守。要有专人核对装药、起爆炮孔数，并检查起爆网络、起爆电源开关及起爆主线。爆破指挥人员要确认周围的安全警戒和起爆准备工作完成，爆破信号已发布起效后，方可发出起爆命令。起爆中有专人观察起爆情况，起爆后，经检查确认炮孔全部起爆后，方可发出解除警戒信号、撤除警戒人员。如发现哑炮，要采取安全防范措施后，才能解除警戒信号。

四、控制爆破

在完成岩石爆破破碎的同时，爆破作业必然会带来爆破飞石、地震波、空气冲击波和噪声等负面效应即爆破公害。因此，需了解爆破公害的产生原因、公害强度的分布与衰减规律，通过科学的爆破设计、采用有效的施工工艺措施，以确保保护对象（包括人员、设备及邻近的建筑物或构筑物等）的安全。

（一）爆破地震

岩石爆破过程中，除对临近炮孔的岩石产生破碎、抛掷外，爆炸能量的很大一部分将以地震波的形式向四周传播，导致地面振动。这种振动即为爆破地震，其强度的衡量参数为位移、速度和加速度等。

（二）爆炸空气冲击波和水中冲击波

炸药爆炸产生的高温高压气体，或直接压缩周围空气，或通过岩体裂缝及药室通道高速冲入大气并对其压缩形成空气冲击波。空气冲击波超压达到一定量值后，就会导致建筑物破坏和人体器官损伤。因此在爆破作业中，需要根据被保护对象的允许超压确定爆炸空气冲击波的安全距离。

（三）爆破公害的控制与防护

爆破公害的控制与防护可以从爆源、公害传播途径以及保护对象三个方面采取措施：

1. 在爆源上控制公害强度

（1）采用合理的爆破参数、炸药单耗和装药结构；

（2）采用深孔台阶微差爆破技术；

（3）合理布置岩石爆破中最小抵抗线方向；

（4）保证炮孔的堵塞长度与质量，针对不良地质条件采取相应的爆破控制措施对消减爆破公害的强度也是非常重要的方面。

2. 在传播途径上削弱公害强度

（1）在爆区的开挖线轮廓进行预裂爆破或开挖减震槽，可有效降低传播至保护区岩体中的爆破地震波强度。

（2）对爆区临空面进行覆盖、架设防波屏可削弱空气冲击波强度，阻挡飞石。

3. 保护对象的防护

（1）对保护对象的直接防护措施有防震沟、防护屏以及表面覆盖等。

（2）此外，严格执行爆破作业的规章制度，对施工人员进行安全教育也是保证安全施工的重要环节。

第三节　土石方工程

一、土石工程的种类和性质

（一）土的分类

1. 一类土——松软土

一类土包括砂土、粉土、冲积砂土层、疏松的种植土、淤泥（泥炭）。

2. 二类土——普通土

二类土包括粉质黏土，潮湿的黄土，夹有碎石、卵石的砂，粉土混卵（碎）石，种植土，填土。

3. 三类土——坚土

三类土包括软及中等密实黏土、重粉质黏土、砾石土、干黄土、含有碎（卵）石的黄土、粉质黏土、压实的填土。

4. 四类土——砂砾坚土

四类土包括坚硬密实的黏性土或黄土，含卵石、碎石的中等密实的黏性土或黄土，粗卵石，天然级配砂石，软泥灰岩。

5. 五类土——软石

五类土包括硬质黏土、中密的页岩、泥灰岩、白垩土，胶结不紧的砾岩，软石灰及贝壳石灰石。

6. 六类土——次坚石

六类土包括泥岩、砂岩、砾岩，坚实的页岩、泥灰岩，密实的石灰岩，风化花岗岩、片麻岩及正长岩。

7. 七类土——坚石

七类土包括大理石，辉绿岩，玢岩，粗、中粒花岗岩，坚实的白云岩、砂岩、砾岩、片麻岩、石灰岩，微风化安山岩，玄武岩。

8. 八类土——特坚石

八类土包括安山岩，玄武岩，花岗片麻岩，坚实的细粒花岗岩、闪长岩、石英岩、辉长岩、辉绿岩、玢岩、角闪岩。

（二）土方工程的种类与特点

土方工程是建筑施工中的主要工程之一，它包括土（或石）的开挖、运输、填筑、平整与压实等施工过程，以及排除地面水、降低地下水位和土壁支撑等辅助性工作。

工业与民用建筑工程中的土方工程一般分为以下四类：

1. 场地平整

场地平整是在地面上进行挖填作业，将建筑场地平整为符合设计高程要求的平面。

2. 基坑（槽）、管沟开挖

基坑（槽）、管沟开挖指在地面以下为浅基础、桩承台及地下管道等施工而进行的土方开挖。

3. 地下大型土方开挖

地下大型土方开挖指在地面以下为大型设备基础、地下建筑物或深基础等施工而进行的土方开挖。

4. 土方填筑

土方填筑是对低洼处用土方分层填平。

土方工程的施工工程量大，劳动繁重，施工工期长。因此，为了减轻繁重的劳动强度，提高劳动生产率，缩短工期，降低工程成本，在组织土方施工时，应合理地选择土方机械，尽可能采用机械化施工。此外土方工程施工条件复杂，其施工的难易程度，直接受地形、地质、水文、施工季节及施工场地周围环境等因素的影响。所以，施工前应深入调查，详尽地掌握以上各种资料，然后根据该工程的特点和规模，拟订合理的施工方案及其相应的技术措施组织施工。

二、土石方开挖与运输

土石坝施工中，从料场的开挖、运输，到坝面的平料和压实等各道工序，都可由互相配套的工程机械来完成，构成“一条龙”式的施工工艺流程，即综合机械化施工。在大中型土石坝，尤其在高土石坝中，实现综合机械化施工，对提高施工技术和机械化水平、加快土石坝工程建设速度，具有十分重要的意义。

坝料的开挖与运输，是保证土石坝强度的重要环节之一。开挖运输方案，主要根据坝体结构布置特点、坝料性质、填筑强度、料场特性、运距远近、可供选择的机械型号等多种因素，综合分析比较确定。土石坝施工中开挖运输方案主要有以下几种：

1. 正向铲开挖，自卸汽车运输上坝

正向铲开挖、装载，自卸汽车运输直接上坝，通常运距小于 10km。自卸汽车可运各种坝料，运输能力高，设备通用，能直接铺料，机动灵活，转弯半径小，爬坡能力较强，管理方便，设备易于获得。该方法在国内外的高土石坝施工中，获得了广泛的应用，且挖运机械朝着大斗容量、大吨位方向发展。

在施工布置上，正向铲一般都采用立面开挖，汽车运输道路可布置成循环线路，装料时停在挖掘机一侧的同一平面上，即汽车鱼贯式地装料与行驶。这种布置形式，可避免或减少汽车的倒车时间，正向铲采用 60°~90° 的转角侧向卸料，回转角度小，生产率高，能充分发挥正向铲与汽车的效率。

2. 正向铲开挖、胶带机运输

国内外很多水利水电工程施工中，广泛采用了胶带机运输土、砂石料。国内的大伙房、岳城、石头河等土石坝施工，胶带机成为主要的运输工具。胶带机的爬坡能力大，架设简易，运输费用较低，比自卸汽车可降低运输费用 1/3~1/2，运输能力也较高。胶带机合理运距小于 10km，可直接从料场运输上坝；也可与自卸汽车配合，做长距离运输，在坝前经漏斗由汽车转运上坝；还可与有轨机车配合，用胶带机转运上坝做短距离运输。

目前，国外已发展到可用胶带机运输块径为 400~500mm 的石料，甚至向运输块径达 700~1000mm 的更大堆石料发展。

3. 斗轮式挖掘机开挖，胶带机运输，转自卸汽车上坝

当填筑方量大，上坝强度高的土石坝，料场储量大而集中时，可采用斗轮式挖掘机开挖。它的生产率高，具有连续挖掘、装料的特点。斗轮式挖掘机将料转入移动式胶带机，其后接长距离的固定式胶带机至坝面或坝面附近经自卸汽车运至填筑面。这种布置方案，可使挖、装、运连续进行，简化了施工工艺，提高了机械化水平和生产率。石头河土石坝采用 DW-200 型斗轮式挖掘机开采土料，用宽 1 000 mm、长约 1 200m、带速 150 m/min 的胶带上坝，经双翼卸料机在坝面用 12t 自卸汽车转运卸料，日强度平均达 4000~5000m^3，最高达 10000m^3（压实方）。美国圣路易土石坝施工中，采用特大型斗轮式挖掘机，开采的土料经两个卸料口轮流直接装入 100t 的自卸汽车运输，21 个工作小时装车 1000 车，取土高度 12m，前沿开挖宽度 18.3m^3。

4. 采砂船开挖，有轨机车运输，转胶带机（或自卸汽车）上坝

国内一些大中型水电工程施工中，广泛采用采砂船开采水下的砂砾料，配合有轨机车运输。在我国大型载重汽车尚不能充分满足需要的情况下，有轨机车仍是一种效率较高的运输工具，它具有机械结构简单、修配容易的优点。当料场集中、运输量大、运距较远（大于 10 km）时，可用有轨机车进行水平运输。有轨机车运输的临建工程量大，设备投资较高，对线路坡度和转弯半径的要求也较高。有轨机车不能直接上坝，在坝脚经卸料装置至胶带机或自卸汽车转运上坝。

坝料的开挖运输方案很多，但无论采用何种方案，都应结合工程施工的具体条件，组织好挖、装、运、卸的机械化联合作业，提高机械利用率，减少坝料的转运次数；各种坝料铺填方法及设备应尽量一致，减少辅助设施；充分利用地形条件，统筹规划和布置；运输道路的质量标准，对提高工效、降低车辆设备损耗具有重要作用。

三、土料压实

土石料的压实，是土石坝施工质量的关键。维持土石坝自身稳定的土料内部阻力（黏结力和摩擦力）、土料的防渗性能等，都是随土料密实度的增加而提高。例如，干表观密度为1.4 t/m^3的沙壤土，压实后若提高到1.7t/m，其抗压强度可提高4倍，渗透系数将降低至1/2 000。由于土料压实固结，可使坝坡加陡，加快施工进度，降低工程投资。

土料压实特性：

土料压实特性，与土料本身的性质、颗粒组成情况、级配特点、含水量大小以及压实功能等有关。

对于黏性土和非黏性土的压实有显著的差别。一般黏性土的黏结力较大，摩擦力较小，具有较大的压缩性。但由于它的透水性小，排水困难，压缩过程慢，所以很难达到固结压实。而非黏性土料则正好相反，它的黏结力小，摩擦力大，具有较小的压缩性。但由于它的透水性大，排水容易，压缩过程快，能很快达到密实。

土料颗粒粗细组成也影响压实效果。颗粒越细，孔隙比就越大，所含矿物分散度越高，就越不容易压实。所以黏性土的压实干表观密度低于非黏性土的压实干表观密度。颗粒不均匀的砂砾料，比颗粒均匀的细砂可能达到的干表观密度要大一些。

土料的含水量是影响压实效果的重要因素之一。用原南京水利实验处击实仪对黏性土的击实试验，得到一组击实次数、干表观密度与含水量的关系曲线。

在某一击实次数下，干表观密度达到最大值时的含水量为最优含水量；对每一种土料，在一定的压实功能下，只有在最优含水量范围内，才能获得最大的干表观密度，且压实也较经济。

非黏性土料的透水性大，排水容易，压缩过程快，能够很快达到压实，不存在最优含水量，含水量不做专门控制。这是非黏性土料与黏性土料压实特性的根本区别。

压实功能的大小，也影响着土料干表观密度的大小。击实次数增加，干表观密度随之增大而最优含水量则随之减小。说明同一种土料的最优含水量和最大干表观密度并不是一个恒定值，而是随压实功能的不同而异。

一般来说，增加压实功能可增加干表观密度，这种特性，对于含水量较低（小于最优含水量）的土料比对于含水量较高（大于最优含水量）的土料更为显著。

四、土石坝施工

（一）坝料复查与规划

1. 坝料复查

坝料复查是在技施设计的基础上，在料场开采之前开展的工作，是为了更加准确地确定筑坝料场的数量、性质、分布、施工开采条件及其处理方法，保证作为料场规划、开采、运输道路布置等施工组织设计的重要依据，同时也是为了进一步核实筑坝材料设计的可靠性。这一工作应由施工单位完成。坝料复查是一项重要工作，若前期勘察工作不足，可能导致工程开工后，因坝料质量和数量不能满足工程要求，致使停工而拖延工期。因此，坝料复查是十分必要的。

施工单位对勘测设计单位所提供的各天然料场勘察报告和可供利用的枢纽建筑物开挖料的调查及试验资料应进行详细核查。对合同文件中选定的各种料源的储量和质量，应辅以适量的坑探和钻孔取样复核。如达不到现行《水利水电工程天然建筑材料勘察规程》的要求，应及时报告监理工程师。

施工期间如发现有更合适的料场可供使用，或因设计施工方案变更，需要新辟料源或扩大料源时，应进行补充调查。其调查试验的项目和精度应符合上述规程的有关规定。

2. 坝料规划

坝料规划是在坝料复查的基础上，对各种料场在不同施工阶段中的使用程序、填筑部位及供求量的平衡等问题，做出从空间、时间、质与量诸方面的全面规划。

（1）空间规划

空间规划，系指对料场位置、高程的恰当选择，合理布置。土石料的上坝运距尽可能短些，高程上有利于重车下坡，减少运输机械功率的消耗。近料场不应因取料影响坝的防渗稳定和上坝运输，也不应使道路坡度过陡引起运输事故。坝的上下游、左右岸最好都有料场，这样有利于上下游、左右岸同时供料，减少施工干扰，保证坝体均衡上升。用料时原则上应低料低用、高料高用，当高料场储量有余裕时，亦可高料低用。同时料场的位置应有利于布置开采设备、交通运输及排水通畅。对石料场尚应考虑与重要建筑物、构筑物、机械设备等保持足够的防爆、防震安全距离。

（2）时间规划

时间规划，就是要考虑施工强度和填筑部位的安排。随着季节及坝前蓄水情况的变化，料场的工作条件也在变化。在用料规划上应力求做到上坝强度高时用近料场，低时用较远的料场，使运输任务比较均衡。对近料和上游易淹的坝料应先用，远料和下游不易淹的坝料后用；含水量高的料场旱季用，含水量低的料场雨季用。在料场使用规划中，还应保留一部分近料场供围堰合龙段填筑和拦洪度汛用料高峰强度时使用。

（3）质与量规划

质与量的规划，是料场规划最基本的要求，也是决定料场取舍的重要因素。在选择和规划使用料场时，应对料场的地质成因、产状、埋深、储量以及各种物理力学指标进行全面勘探和试验。勘探精度应随设计深度的加深而提高。在施工组织设计中，进行用料规划，不仅应使料场的总储量满足坝体总方量的要求，而且应满足施工各个阶段最大上坝强度的要求。

施工前对料场的实际可开采总量进行规划时，应考虑料场调查精度、料场天然重度与坝面压实重度的差值，以及开挖与运输、雨后坝面清理、坝面返工及削坡等损失。实际可开采总量与坝体填筑数量的比例一般为：土料 2.0~2.5（宽级配砾质土取上限）；砂砾料 1.5~2.0；水下砂砾料 2.0~2.5；堆石料 1.2~1.5；天然反滤料应根据筛取的有效方量确定，但一般不宜小于 3.0。

（4）其他方面

料尽其用，充分利用永久和临时建筑物基础开挖渣料是土石坝料场规划的又一重要原则。为此应增加必要的施工技术组织措施，确保渣料的充分利用。例如，若导流建筑物和永久建筑物的地基开挖时间与上坝时间不一致时，则可调整开挖和填筑进度，或增设堆料场储备渣料，供填筑时使用。

料场规划还应对主要料场和备用料场分别加以考虑。前者要求质好、量大、运距近，且有利于常年开采；后者通常在淹没区外，当前者被淹没或因库区水位抬高，土料过湿或其他原因不能供应时，能有备用料场保证坝体填筑不致中断。

另外，料场选择还应与施工总体布置结合考虑，应根据运输方式、填筑强度来研究运输线路的规划和装料作业面的布置。料场内装料作业面应保持合理的间距，间距太小会使道路频繁搬迁，影响工效；间距太大影响开采强度，通常装料作业面间距取 100m 为宜。整个场地规划还应排水通畅，全面考虑出料、堆料、弃料的位置，力求避免干扰以加快采运速度。

（二）土石料挖运机械

1. 挖掘机械

挖掘机械的种类繁多，就其构造及工作特点，有循环单斗式和连续多斗式之分。就其传动系统又有索式、链式和液压传动之分。液压传动具有突出的优点，现代工程机械多采用液压传动。

（1）单斗式挖掘机

单斗挖掘机是只有一个铲土斗的挖掘机械，为了适应各种不同施工作业的需要，其工作装置有正向铲、反向铲、拉铲和抓铲四种。

（2）多斗式挖掘机

多斗式挖掘机是一种由若干个挖斗依次连续循环进行挖掘的专用机械，生产效率和机械化程度较高，在大量土方开挖工程中运用。它的生产率从每小时几十立方米到上万立方米，主要用于挖掘不夹杂石块的Ⅰ～Ⅳ级土。多斗挖掘机按工作装置不同，可分为链斗式和斗轮式两种。

2. 铲运机械

铲运机械是一种能独自连续完成挖、装、运等作业的施工机械，常用的有推土机、铲运机和装载机三种。

（1）推土机

推土机是一种多用途的自行式土方工程施工机械，是水利水电建设中最常用、最基本的机械，可用来完成场地平整、基坑开挖、渠道开挖、推平填方、堆积土料、回填沟槽、清理场地等作业，还可以配装松土器，牵引振动碾、拖车等机械作业。它在推运作业中，距离不宜超过 60~100 m，挖深不宜大于 1.5~2.0 m，填高小于 2~3 m。

推土机按推土板形式分为固定式和万能式；按操纵方式分为钢索和液压操纵；按行驶分为履带式和轮胎式。

（2）铲运机

铲运机是一种利用铲头在随机械一起行进中依次完成铲土、装土、运土、铺卸和整平等五个工序的铲土运输机械。它广泛用于大规模的土方施工作业中。

（3）装载机

装载机是一种可以挖、装、运、填连续作业的高效铲运机械。它主要用于铲装土壤、砂石等散状物料，也可对软岩硬土等做轻度铲挖作业。换装不同的辅助工作装置还可进行推土、起重其他物料等作业。此外还可进行推运土壤、平地和牵引其他机械等作业。由于装载机具有作业速度快、效率高、机动性好、操作轻便等优点，因此它成为工程建设中土石方施工的主要机种之一。

3. 运输机械

土石坝施工中常用的土石方运输机械，主要有自卸汽车、带式运输机和有轨机车。自卸汽车和有轨机车属于周期性运输机械，带式运输机属于连续性运输机械。

（三）土石料运输道路

1. 运输道路的布置原则及要求

（1）根据地形条件、枢纽布置、工程量大小、填筑强度、自卸汽车吨位，应用科学的规划方法进行运输网络优化，统筹布置场内施工道路。

（2）运输道路宜自成体系，并尽量与永久道路相结合。永久道路在坝体填筑施工以前完成。运输道路不要穿越居民点或工作区，尽量与公路分离。

（3）连接坝体上、下游交通的主要干线，应布置在坝体轮廓线以外。干线与不同高程的上坝道路相连接，应避免穿越坝肩处岸坡，以避免对坝体填筑的干扰。

（4）坝面内的道路应结合坝体的分期填筑规划统一布置，在平面与立面上协调好不同高程的进坝道路的连接，使坝面内临时道路的形成与覆盖（或削除）满足坝体填筑要求。

（5）运输道路的标准应符合自卸汽车吨位和行车速度的要求。实践证明，用于高质量标准道路增加的投资，足以用降低的汽车维修费用及提高的生产率来补偿。要求路基坚实，路面平整，靠山坡一侧设置纵向排水沟，顺畅排除雨水和泥水，以避免雨天运输车辆将路面泥水带入坝面，污染坝料。

（6）道路沿线应有较好的照明设施，路面照明容量不少于3kW/km，确保夜间行车安全。

（7）运输道路应经常维护和保养，及时清除路面上影响运输的杂物，并经常洒水养护，能减少运输车辆的磨损和维修费用。

2. 上坝道路的布置方式

坝料运输道路的布置方式，有岸坡式、坝坡式和混合式三种，然后进入坝体轮廓线内，与坝体填筑范围内临时道路连接，组成到达坝料填筑区的运输体系。

单车环形线路比双车往复线路行车效率高、更安全，应尽可能采用单车环形线路。一般干线多用往复双车道，尽量做到会车不减速；坝区及料场多用环形单车道。

岸坡式上坝道路宜布置在地形较为平缓的坡面，以减少开挖工程量。路的“级差”一般为20~30 m。

两岸陡峻，地质条件较差，沿岸坡修路困难，工程量大，可在坝下游坡面设计线以外布置临时或永久性的上坝道路，称为坝坡式。其中的临时道路在坝体填筑完成后削除。

在岸坡陡峻的狭窄河谷内，根据地形条件，有的工程用交通洞通向坝区。用竖井卸料以连接不同高程的道路，有时也是可行的。非单纯的岸坡式或坝坡式的上坝道路布置方式，称为混合式。

3. 坝内临时道路布置

（1）堆石体内道路。根据坝体分期填筑的需要，除防渗体、反滤过渡层及相邻的要求平起填筑的堆石体外，不限制堆石体内设置临时道路，其布置一般为“之”字形，道路随着坝体的升高而逐步延伸，连接不同高程的两级上坝道路。为了减少上坝道路的长度，临时道路的纵坡一般较陡，为10%左右，局部可达12%~15%。

（2）过防渗体道路。心墙、斜墙防渗体应避免重型车辆频繁压过，以免破坏。如果上坝道路布置困难，而运输坝料的车辆必须压过防渗体，应调整防渗体填筑工艺，在防渗体局部布置通过的临时道路。

（四）土石料采运方案

1. 综合机械化施工的基本原则

土石坝施工中，从料场的开采、运输，到坝面的铺料和压实各工序，优先考虑用机械施工，在大中型土石坝中，力争实现综合机械化。施工组织应遵循以下原则：

（1）确保主要机械发挥作用。主要机械是指在机械化生产线中起主导作用的机械，充分发挥它的生产效率，有利于加快施工进度，降低工程成本。如土方工程机械化施工中，施工机械组合为：挖掘机、自卸汽车、推土机、振动碾；挖掘机为主要机械，其他为配套机械，挖掘机如出现故障或工效降低，会导致停产或施工强度下降。

（2）根据机械工作特点进行配套组合。连续式开挖机械和连续式运输机械配合；循环式开挖机械和循环式运输机械配合，形成连续生产线。否则，需要增加中间过渡设备。

（3）充分发挥配套机械作用。在选择配套机械，确定配套机械的型号、规格和数量时，其生产能力要略大于主要机械的生产能力，以保证主要机械的生产能力。

（4）便于机械使用维修管理。选择配套机械时，尽量选择一机多能型，减少衔接环节。同一种机械力求型号同一，便于维修管理。

（5）加强保养、合理布置、提高工效。严格执行机械保养制度，使机械处于最佳状态，合理布置流水作业工作面和运输道路，能极大地提高工效。

2. 挖运方案选择

坝料的开挖与运输，是保证上坝强度的重要环节之一。开挖运输方案，主要根据坝体结构布置特点、坝料性质、填筑强度、料场特性、运距远近、可供选择的机械型号等因素，综合分析比较确定。坝料的开挖运输方案主要有以下几种：

（1）挖掘机开挖，自卸汽车运输上坝。

（2）挖掘机开挖，胶带机运输上坝。

（3）采砂船开挖，机车运输，转胶带机上坝。

（4）斗轮式挖掘机开挖，胶带机运输，转自卸汽车上坝。

（五）土料防渗体坝填筑

碾压式土料防渗体坝，按坝体材料的不同可分为均质坝和分区坝。分区坝按土料组合和防渗设施的位置不同，可分为心墙坝、斜墙坝、多种土质坝。但都是由支撑体、防渗体和反滤过渡料构成的。只不过均质坝体的支撑体和防渗体融为一体，仅在于护坡和排水体之间需要反滤过渡料。所以对于碾压式土料防渗体坝的填筑施工，这里按照因土石料物理力学性质不同而填筑施工采用的机械及工艺不同，但有普遍的共性和特殊的个性的规律，分为支撑体和反滤过渡料[包括堆石、风化料、砂砾（卵）石和砂，大都是非黏性土]的填筑和防渗体（包括黏土、壤土、砾质土，大都是黏性土）的填筑，采取共性为纲、对比个性的知识结构，进行讲解。对于防渗体为非土质的混凝土或沥青混凝土的面板堆石坝、土工膜斜墙或心墙坝，另节介绍。意图既内容丰富又节省篇幅；既全面讲解又体现要点；既突出重点又解决难点。

不同土石料的填筑，由于其强度、级配、湿陷程度不同，施工采用的机械及工艺亦不尽相同。但其坝面填筑作业都有铺料、压实、取样检查三道基本工序，还有洒水、接缝处理等项（对非黏性土，还有超径石处理等；对黏性土，还有清理坝面、刨毛等）附加工序。

1. 铺料

坝基经处理合格后或下层填筑面经压实合格后，即可开始铺料。铺料包括卸料和平料，两道工序相互衔接、紧密配合完成。选择铺料方法主要与上坝运输方法、卸料方式和坝料的类型有关。

2. 结合部位处理

（1）非黏性土结合部位

坝壳与岸坡接合部的施工：

坝壳与岸坡或混凝土建筑物接合部位施工时，汽车卸料及推土机平料，易出现大块石集中、架空现象，且局部不易碾压。该部位宜采取如下措施：

①与岸坡接合处 2m 宽范围内，可沿岸坡方向碾压。不易压实的边角部位应减薄铺料厚度，用轻型振动碾或平板振动器等压实机具压实。

②在接合部位可先填 1~2 m 宽的过渡料，再填堆石料。

③在接合部位铺料后出现的大块石集中、架空处，应予以换填。

④坝壳填料接缝处理

坝壳分期分段填筑时，在坝壳内部形成了横向或纵向接缝。由于接缝处坡面临空，压实机械作业距坡面边缘留有 0.5~1.0 m 的安全距离，坡面上存在一定厚度的松散或半压实料层。另外，铺料过程中难免有部分填料沿坡面向下溜滑，这更增加了坡面较大粒径松料层的厚度，其宽度一般为 1.0~2.5m。所以坝壳料填筑中应采取适当措施，将接缝部位压实。

（2）黏性土结合部位

黏土防渗体与坝基（包括齿槽）、两岸岸坡、溢洪道边墙、坝下埋管及混凝土墙等结合部位的填筑，须采用专用机具、专门工艺进行施工，确保填筑质量。

1）截水槽回填

①基槽处理完成后，排除渗水，从低洼处开始填土。不得在有水情况下填筑。

②槽内填土厚度在 0.5 m 以内，可采用轻型机具（如蛙式夯等）薄层压实；填土厚度超过 0.5m 时，可采用压实试验选定的压实机具和压实参数压实。

2）铺盖填筑

①铺盖在坝体内与心墙或斜墙连接部分，应与心墙或斜墙同时填筑，坝外铺盖的填筑，应于库内充水前完成。

②铺盖完成后，应及时铺设保护层。已建成铺盖上不允许打桩、挖坑等作业。

3）黏土心墙与坝基结合部位填筑

①黏性土、砾质土坝基，应将表面含水率调至施工含水率上限，用与黏土心墙相同的压实参数压实，然后洒水刨毛铺填新土。

②无黏性土坝基铺土前，坝基应洒水压实，然后按设计要求回填反滤料和第一层土料。铺土厚度可适当减薄，土料含水率调节至施工含水率上限，宜用轻型压实机具压实。

③坚硬岩基或混凝土盖板上，开始几层填料可用轻型碾压机具直接压实，填筑至少 0.5m 以上后才允许用凸块碾或重型气胎碾碾压。

3. 反滤层施工

反滤层填筑与相邻的黏土心墙、坝壳料填筑密切相关。合理安排各种材料的填筑顺序，既可保证填料的施工质量，又不影响坝体施工速度，这是施工作业的重点。

（1）反滤层填筑次序及适用条件

反滤层填筑方法大体可分为削坡法、挡板法及土砂松坡接触平起法三种。削坡法和挡板法主要与人力施工相适应，现已不再采用。20 世纪 60 年代以后，开始采用土砂松坡接触平起法，该法能适应机械化施工，已成为趋于规范化的施工方法。该方法一般分为先砂后土法、先土后砂法、土砂平起法几种，它允许反滤料与相邻土料“犬牙交错”，跨缝碾压。

（2）反滤料铺填

反滤料填筑分为卸料、铺料、界面处理、压实几道工序。

（3）反滤料压实

1）压实机械

普遍采用的是振动平碾，压实效果好，效率高，可与坝壳堆石料压实使用同一种机械。因反滤料施工面狭小，应优先选用自行振动碾。

2）反滤料碾压的一般要求

当黏土心墙料与反滤料、反滤料与过渡料或坝壳堆石料填筑齐平时，必须用平碾骑缝碾压，跨过界面至少 0.5 m。

（六）土工膜防渗体施工

1. 简述

土工织物是指透水性的平面土工合成材料，中国俗称土工布。土工膜是指在岩土工程中主要用作防渗和隔离的一种不透水高聚物薄膜。复合土工膜是指由土工膜和土工织物复合在一起的产品，诸如两层、三层、五层等。

用于防渗的土工合成材料主要有土工膜和复合土工膜，最早应用于渠道防渗，以后逐渐推广在堤坝防渗上的应用。中国自 20 世纪 80 年代以后相继在许多坝体中使用土工膜作为防渗体，取得了较好的效果，并于20世纪90年代开始用于50 m高的坝体中。

土工膜按组成的基本材料可分为塑料类、沥青类、橡胶类三种，制造塑料类土工膜所用聚合物有聚氯乙烯（PVC）、高密度聚乙烯（HDPE）、氯化聚乙烯（CPE）等。由于塑料类土工膜具有优良的物理力学性能，价格便宜，施工方便迅速，适应变形能力强，有良好的不透水性，因而应用于许多水利工程。

为改善土工膜的性能，充分利用土工膜与土工织物各自的长处，常用各种成型方法将土工膜与土工织物组成复合土工膜，前者提供了不透水性，后者提供了强度，使其具有土工织物平面排水的功效及土工膜法向防渗的功能，同时又改善了单一土工膜的工程性能，提高了其抗拉、顶破和穿刺强度及摩擦系数，还可避免或减少在运输、铺设过程中机械损伤防渗膜。因而复合土工膜是一种比较理想的防渗材料，其结构常有“一布一膜、二布一膜、一布二膜、二布二膜”等，工程应用很广。

2. 一般规定

（1）所用土工膜的性能指标应满足 SL/T225—1998《水利水电工程土工合成材料应用技术规范》要求和工程实际需要，主膜无裂口、针眼，主膜和土工织物结合较好，无脱离或起皱。

（2）土工膜的厚度根据具体基层条件、环境条件及所用土工膜材料性能确定。根据国内坝工实践经验，土石坝防渗土工膜主膜厚度不小于 0.5mm，承受高应力的防渗结构，采用加筋土工膜。

（3）土石坝防渗土工膜应在其上设置防护层、上垫层，在其下设置下垫层和支持层。

（4）土工膜防渗系统的计算，应进行稳定性验算及膜后排渗能力校核。

（七）边坡工程

1. 边坡稳定因素

（1）边坡稳定因素

边坡失稳坍塌的实质是边坡土体中的剪应力大于土的抗剪强度。凡能影响土体中的剪应力、内摩擦力和凝聚力的，都能影响边坡的稳定。

1）土类别的影响。不同类别的土，其土体的内摩擦力和凝聚力不同。例如砂土的凝聚力为零，只有内摩擦力，靠内摩擦力来保持边坡的稳定平衡；而黏性土则同时存在内摩擦力和凝聚力。因此不同的土能保持其边坡稳定的最大坡度不同。

2）土的含水率的影响。土内含水越多，土壤之间产生润滑作用越强，内摩擦力和凝聚力降低，因而土的抗剪强度降低，边坡就越容易失稳。同时，含水率增加，使土的自重增加，裂缝中产生静水压力，增加了土体的内剪应力。

3）气候的影响。气候使土质变软或变硬，如冬季冻融又风化，可降低土体的抗剪强度。

4）基坑边坡上附加荷载或者外力的影响，能使土体的剪应力大大增加，甚至超过土体的抗剪强度，使边坡失去稳定而塌方。

（2）土方边坡的最陡坡度

为了防止塌方，保证施工安全，当土方达到一定深度时，边坡应做成一定的深度，土石方边坡坡度的大小和土质开挖深度、开挖方法、边坡留置时间的长短、排水情况、附近堆积荷载有关。开挖深度越深，留置时间越长，边坡应设计得平缓一些，反之则可陡一些。边坡可以做成斜坡式，亦可做成踏步式。

（3）挖方直壁不加支撑的允许深度

土质均匀且地下水位低于基坑（槽）或管沟的底面标高时，其边坡可做成直立壁不加支撑，挖方深度应根据土质确定。

2. 边坡支护

在基坑或者管沟开挖时，常因受场地的限制不能放坡，或者为了减少挖填的土石方量，工期以及防止地下水渗入等要求，一般采用设置支撑和护壁的方法。

（1）边坡支护的一般要求

1）施工支护前，应根据地质条件、结构断面尺寸、开挖工艺、围岩暴露时间等因素进行支护设计，制订详细的施工作业指导书，并向施工作业人员进行交底。

2）施工人员作业前，应认真检查施工区的围岩稳定情况，需要时应进行安全处理。

3）作业人员应根据施工作业指导书的要求，及时进行支护。

4）开挖期间和炮后，都应对支护进行检查维护。

5）对不良地质地段的临时支护，应结合永久支护进行，即在不拆除或部分拆除临时支护的条件下，进行永久性支护。

6）施工人员作业时，应佩戴防尘口罩、防护眼镜、防尘帽、安全帽、雨衣、雨裤、长筒胶靴和乳胶手套等劳保用品。

（2）锚喷支护

锚喷支护应遵守下列规定：

1）施工前，应通过现场试验或依工程类比法，确定合理的锚喷支护参数。

2）锚喷作业的机械设备，应布置在围岩稳定或已经支护的安全地段。

3）喷射机、注浆器等设备，应在使用前进行安全检查，必要时应在洞外进行密封性能和耐压试验，满足安全要求后方可使用。

4）喷射作业面，应采取综合防尘措施降低粉尘浓度，采用湿喷混凝土。有条件时，可设置防尘水幕。

5）岩石渗水较强的地段，喷射混凝土之前应设法把渗水集中排出。喷后应钻排水孔，防止喷层脱落伤人。

6）锚杆孔的直径大于设计规定的数值时，不应安装锚杆。

7）锚喷工作结束后，应指定专人检查锚喷质量，若喷层厚度有脱落、变形等情况，应及时处理。

（3）构架支撑

1）构架支撑包括木支撑、钢支撑、钢筋混凝土支撑及混合支撑，其架设应遵守下列规定：

①采用木支撑的应严格检查木材质量。

②支撑立柱应放在平整岩石面上，应挖柱窝。

③支撑和围岩之间，应用木板、楔块或小型混凝土预制块塞紧。

④危险地段，支撑应跟进开挖作业面；必要时，可采取超前固结的施工方法。

⑤预计难以拆除的支撑应采用钢支撑。

⑥支撑拆除时应有可靠的安全措施。

2）支撑应经常检查，发现杆件破裂、倾斜、扭曲、变形及其他异常征兆时，应仔细分析原因，采取可靠措施进行处理。

（八）坝基开挖施工技术

1. 坝基开挖的特点

在水利水电工程中坝基开挖的工程量达数万立方米，甚至达数十万、百万立方米，需要大量的机械设备（钻孔机械、土方挖运机械等）、器材、资金和劳力，工程地质复杂多变，如节理、裂隙、断层破碎带、软弱夹层和滑坡等，还受河床岩基渗流的影响和洪水的威胁，需占用相当长的工期，从开挖程序来看属多层次的立体开挖作业。因此，经济合理的坝基开挖方案及挖运组织，对安全生产和加快工程进度具有重要的意义。

2. 坝基开挖的程序

岩基开挖要保证质量，加快施工进度，做到安全施工，必须按照合理的开挖程序进行。开挖程序因各工程的情况不同而不尽统一，但一般都要以人身安全为原则，遵守自上而下、先岸后坡基坑的程序进行，即按事先确定的开挖范围，从坝基轮廓线的岸坡部分开始，自上而下、分层开挖，直到坑基。

对大、中型工程来说，当采用河床内导流分期施工时，往往是先开挖围护段一侧的岸坡，或者坝头开挖与一期基坑开挖基本上同时进行，而另一岸坝头的开挖在最后一期基坑开挖前基本结束。

对中、小型工程，由于河道流量小，施工场地紧凑，常采用一次断流围堰（全段围堰）施工，一般先开挖两岸坝头，后进行河床部分基坑开挖。对于顺岩层走向的边坡、滑坡体和高陡边坡的开挖，更应按照开挖程序进行开挖。开挖前，首先要把主要地质情况弄清，对可疑部位及早开挖暴露并提出处理措施。对一些小型工程，为了赶工期也有采用岸坡、河床同时开挖的。这时由于上下分层作业，施工干扰大，应特别注意施工安全。

河槽部分采用分层开挖逐步下降的方法。为了增加开挖工作面，扩大钻孔爆破的效果，提高挖运机械的工作效率，解决开挖施工中的基坑排水问题，通常要选择合适的部位先抽槽，即开挖先锋槽。先锋槽的平面尺寸以便于人工或机械装运出渣为度，深度不大于2/3（预留基础保护层），随后就利用此槽壁作为爆破自由面，在其两侧布设有多排炮孔进行爆破扩大，依次逐层进行。当遇有断层破碎带，应顺断层方向挖槽，以便及早查明情况，做出处理方案。抽槽的位置一般选在地形较低、排水方便及容易引入出渣运输道路的部位，也可结合水工建筑物的底部轮廓，如布置，但截水槽、齿槽部位的开挖应做专题爆破设计。尤其对基础防渗、抗滑稳定起控制作用的沟槽，更应慎重地确定其爆破参数，以防因爆破原因而对基岩产生破坏。

3. 坝基开挖的深度

坝基开挖深度，通常是根据水工要求按照岩石的风化程度（强风化、弱风化、微风化和新鲜岩石）来确定的。坝基一般要求岩基的抗压强度为最大主应力的20倍左右，高坝应坐落在新鲜微风化下限的完善基岩上，中坝应建在微风化的完整基岩上，两岸地形较高部位的坝体及低坝可建在弱风化下限的基岩上。

岩基开挖深度，并非一挖到新鲜岩石就可以达到设计要求，有时为了满足水工建筑物结构形式的要求，还须在新鲜岩石中继续下挖。如高程较低的大坝齿槽、水电站厂房的尾水管部位等，有时为了减少在新鲜岩石上的开挖深度，可提出改变上部结构形式，以减少开挖工程量。

总之，开挖深度并不是一个多挖几米少挖几米的问题，而是涉及大坝的基础是否坚实可靠、工程投资是否经济合理、工期和施工强度有无保证的大问题。

4. 坝基开挖范围的确定

一般水工建筑物的平面轮廓就是岩基底部开挖的最小轮廓线。实际开挖时，由于施工排水、立模支撑，施工机械运行以及道路布置等原因，常需适当扩挖，扩挖的范围视实际需要而定。实际工程中扩挖的距离，有从数米到数十米的。

坝基开挖的范围必须充分考虑运行和施工的安全。随着开挖高程的下降，对坡（壁）面应及时测量检查，防止欠挖，并避免在形成高边坡后再进行坡面处理。开挖的边坡一定要稳定，要防止滑坡和落石伤人。如果开挖的边坡太高，可在适当的高程设置平台和马道，并修建挡渣墙和拦渣栅等相应的防护措施。近年来，随着开挖爆破技术的发展，工程中普遍采用预裂爆破来解决或改善高边坡的稳定问题。在多雨地区，应十分注意开挖区的排水问题，防止由于地表水的侵蚀，引起新的边坡失稳问题。

开挖深度和开挖范围确定之后，应绘出开挖纵、横断面及地形图，作为基础开挖施工现场布置的依据。

5. 开挖的形态

重力坝坝段，为了维持坝体稳定，避免应力集中，要求开挖以后基岩面比较平整，高差不宜太大，并尽可能略向上游倾斜。

岩基岩面高差过大或向下游倾斜，宜开挖成一定宽度的平台。平台面应避免向下游倾斜，平台面的宽度以及相邻平台之间的高差应与混凝土浇筑块的尺寸协调。通常在一个坝段中，平台面的宽度约为坝段宽度的 1/3。在平台较陡的岸坡坝段，还应根据坝体侧向稳定的要求，在坝轴线方向也开挖成一定宽度的平台。

拱坝要径向开挖，因此岸坡地段的开挖面将会倾向下游。在这种情况下，沿径向也应设置开挖平台。拱座面的开挖，应与拱的推力方向垂直，以保证按设计要求使拱的推力传向两岸岩体。

支墩坝坝基同样要求开挖比较平整，并略向上游倾斜。支墩之间高差变大时，应该使各支墩能够坐落在各自的平台上，并在支墩之间用回填混凝土或支墩墙等结构措施加固，以维护支墩的侧向稳定。

遇有深槽或凹槽以及断层破碎带情况时，应做专门的研究，一般要求挖去表面风化破碎的岩层以后，用混凝土将深槽或凹槽以及断层破碎带填平，使回填的混凝土形成混凝土塞和周围的基岩一起作为坝体的基础。为了保证混凝土塞和周围基岩的结合，还可以辅以锚筋和接触灌浆等加固措施。

6. 坝基开挖的深层布置

（1）坝基开挖深度

坝基开挖深度一般是根据工程设计提出的要求来确定的。在工程设计中，不同的坝高对基岩风化程度的要求也不一样：高坝应坐落在新鲜微风化下限的完整基岩上；中坝应建在微风化的完整基岩上；两岸地形较高部位的坝体及低坝可建在弱风化下限的基岩上。

（2）坝基开挖范围

在坝基开挖时，因排水、立模、施工机械运行及施工道路布置等，使得开挖范围比水工建筑物的平面轮廓尺寸略大一些，若岩基底部扩挖的范围应根据时间需要而定。实际工程中放宽的距离，一般数米到数几米不等。基础开挖的上部轮廓应根据边坡的稳定要求和开挖的高度而定。如果开挖的边坡太高，可在适当高程设置平台和马道，并修建挡渣墙等防护措施。

7. 岩基开挖的施工

岩基开挖主要是用钻孔爆破，分层向下，留有一定保护层的方式进行开挖。

坝基爆破开挖的基本要求是保证质量、注意安全、方便施工。

保证质量，就是要求在爆破开挖过程中防止由于爆破震动影响而破坏基岩，防止产生爆破裂缝或使原有的构造裂隙有所发展；防止由于爆破震动影响而损害已经建成的建筑物或已经完工的灌浆地段。为此，对坝基的爆破开挖提出了一些特殊的要求和专门的措施。

为保证基岩岩体不受开挖区爆破的破坏，应按留足保护层（系指在一定的爆破方式下，建筑物基岩面上预留的相应安全厚度）的方式进行开挖。当开挖深度较大时，可采用分层开挖。分层厚度可根据爆破方式、挖掘机械的性能等因素确定。

遇有不利的地质条件时，为防止过大震裂或滑坡等，爆破孔深和最大装药量应根据具体条件由施工地质和设计单位共同研究，另行确定。

开挖施工前，应根据爆破对周围岩体的破坏范围及水工建筑物对基础的要求，确定垂直向和水平向保护层的厚度。

保护层以上的开挖，一般采用延长药包梯段爆破，或先进行平地抽槽毫秒起爆，创造条件再进行梯段爆破。梯段爆破应采用毫秒分段起爆，最大一段起爆药量应不大于 500 kg。

第四节　混凝土工程

一、料场规划

（一）骨料的料场规划

骨料的料场规划是骨料生产系统设计的基础。伴随着设计阶段的深入、料场勘探精度的提高，要提出相应的最佳用料方案。最佳用料方案取决于料场的分布高程、骨料的质量、储量、天然级配、开采条件、加工要求、弃料多少、运输方式、运距远近、生产成本等因素。骨料料场的规划、优选，应通过全面技术经济论证。

砂石骨料的质量是料场选择的首要前提。骨料的质量要求包括强度、抗冻、化学成分、颗粒形状、级配和杂质含量等。水工现浇混凝土粗骨料多用四级配，即 5~20mm、20~40mm、40~80mm、80~120mm（或 150mm）。砂子为细骨料，通常分为粗砂和细砂两级，其大小级配由细度模数控制，合理取值为 2.4~3.2。增大骨料颗粒尺寸、改善级配，对减少水泥用量，提高混凝土质量，特别是对大体积混凝土的控温防裂具有积极意义。然而，骨料的天然级配和设计级配要求总有差异，各种级配的储量往往不能同时满足要求。这就需要多采或通过加工来调整级配及其相应的产量。骨料来源有三种：天然骨料，采集天然沙砾料经筛分分级，将富裕级配的多余部分作为弃料；天然混合料中含砂不足时，可用山砂即风化砂补足；人工骨料，用爆破开采块石，通过人工破碎筛分成碎石，磨细成砂；组合骨料，以天然骨料为主、人工骨料为辅。人工骨料可以由天然骨料筛出的超径料加工而得，也可以爆破开采块石经加工而成。

搞好砂石料场规划应遵循如下原则：

1. 首先要了解砂石料的需求、流域（或地区）的近期规划、料源的状况，以确定是建立流域或地区的砂石生产基地还是建立工程专用的砂石系统。

2. 应充分考虑自然景观、珍稀动植物、文物古迹保护方面的要求，将料场开采后的景观、植被恢复（或美化改造）列入规划之中，应重视料源剥离和弃渣的堆存，应避免水土流失，还应采取恢复的措施。在进行经济比较时应计入这方面的投资。当在河滩开采时，还应对河道冲淤、航道影响进行论证。

3. 满足水工混凝土对骨料的各项质量要求，其储量力求满足各设计级配的需要，并有必要的富余量。初查精度的勘探储量，一般不少于设计需要量的 3 倍，详细精度的勘探储量，一般不少于设计需要量的 2 倍。

4. 选用的料场，特别是主要料场，应场地开阔，高程适宜，储量大，质量好，开采季节长，主辅料场应能兼顾洪枯季节，互为备用。

5. 选择可采率高，天然级配与设计级配较为接近，用人工骨料调整级配数量少的料场。任何工程应充分考虑利用工程弃渣的可能性和合理性。

6. 料场附近有足够的回车和堆料场地，且占用农田少，不拆迁或少拆迁现有生活、生产设施。

7. 选择开采准备工作量小，施工简便的料场。

如以上要求难以同时满足，应以满足主要要求，即以满足质量数量为基础，寻求开采运输、加工成本费用低的方案，确定采用天然骨料、人工骨料还是组合骨料用料方案。若是组合骨料，则需确定天然和人工骨料的最佳搭配方案。通常对天然料场中的超径料，通过加工补充短缺级配，形成生产系统的闭路循环，这是减少弃料、降低成本的好办法。若采用天然骨料方案，为减少弃料应考虑各料场级配的搭配、满足料场的最佳组合。显然，质好、量大、运距短的天然料场应优先采用。只有在天然料运距太远、成本太高时，才考虑采用人工骨料方案。

人工骨料通过机械加工，级配比较容易调整，以满足设计要求。人工破碎的碎石，表面粗糙，与水泥砂浆胶结强度高，可以提高混凝土的抗拉强度，对防止混凝土开裂有利。但在相同水灰比情况下，同等水泥用量的碎石混凝土较卵石混凝土的和易性和工作度要差一些。

有碱活性的骨料会引起混凝土的过量膨胀，一般应避免使用。当采用低碱水泥或掺粉煤灰时，碱骨料反应受到抑制，经试验证明对混凝土不致产生有害影响时，也可选用。当主体工程开挖渣料数量较多，且质量符合要求时，应尽量予以利用。它不仅可以降低人工骨料成本，还可以节省运渣费用，减少堆渣用地和环境污染。

（二）天然砂石料开采

20 世纪五六十年代，混凝土骨料以天然砂石料为主，如三门峡、新安江、丹江口、刘家峡等工程。七八十年代兴建的葛洲坝、铜街子、龙羊峡、李家峡等大型水电站和 90 年代兴建的黄河小浪底水利枢纽，也都采用天然砂石骨料。葛洲坝一期、二期工程砂石骨料生产系统月生产 49.5 万 m^3，年产 395 万 m^3，生产总量达 2600 万 m^3。

按照砂石料场开采条件，可分为水下和陆上开采两类。20 世纪 50—60 年代中期，水下开采砂石料多使用 120m^3/h 链斗式采砂船和 50~60m^3 容量的砂驳配套采运，也有用窄轨矿车配套采运的。20 世纪 70 年代后，葛洲坝工程先后采用了生产能力更大的 250m^3/h 和 750m^3/h 的链斗式采砂船，250 型采砂船枯水期最大日产 5220m^3。750 型采砂船枯水期最大日产达 13458m^3，中水期达 11537m^3，水面下正常挖深 16m，最大挖深 20m。两艘船平均日产可达 1.5 万 m^3~1.6 万 m^3。水口工程砂石料场含砂率偏高，在采砂船链斗转料点装设筛分机，筛除部分砂子，减少毛料运输。

（三）人工骨料采石场

中国西南、中南一些地区缺少天然砂石料资源，20 世纪 50 年代修建的狮子滩、上犹江、流溪河等工程，都曾建人工碎石系统。60 年代，映秀湾工程采用棒磨制砂。70 年代，乌江渡采用规模较大的人工砂石料生产系统，生产的人工砂石骨料质优价廉。借鉴乌江渡的经验，80 年代后，广西岩滩、云南漫湾、贵州东风、湖南五强溪、湖北隔河岩、四川宝珠寺等大型水电站工程相继采用人工砂石骨料，并取得较好的社会经济效益。五强溪工程在采用强磨蚀性石英砂岩生产人工骨料方面有了新的突破。

工程实践证明，由于新鲜灰岩具有较好的强度和变形性能，且便于开采和加工，被公认为最佳的骨料料源；其次为正长岩、玄武岩花岗岩和砂岩；流纹岩、石英砂岩和石英岩由于硬度较高，虽也可做料源，但加工困难并加大生产成本。有些工程还利用主体工程开挖料作为骨料料源。

人工骨料料源有时在含泥量上超标，需在加工工艺流程中设法解决。如乌江渡工程，因含泥量偏大，并存在黏土结团颗粒，在加工系统中设置了洗衣机，效果良好，含泥量从 3% 降到 1% 以下。湖南江垭工程则在加工单元中专设筛子剔除泥块。

少数水电工程由于对料源的勘探深度未达到要求，在开工之后曾发生料场不符合要求的情况。如漫湾水电站的田坝沟流纹岩石料场，在开挖后发现 1 号和 2 号山头剥离量过大，不得不将其放弃，改以 3 号山头作为采区。

二滩工程混凝土骨料用正长岩生产砂石料，采石场位于大坝上游左岸金龙沟，规划开采总量 470 万 m^3。开采梯段高度 12.5m，用 6 台液压履带钻车钻孔，使用微差挤压爆破技术，使石料块度适宜，1.6m 以上的大块率可控制在 5%~8%。平均单位耗药量 0.5~0.6kg/m^3。石料用 2 台推土机和 1 台装载机配合 4 辆 30t 自卸车运至集料平台，向破碎机供料；或是用自卸车直接向旋回破碎机供料。采石场开采后形成高 255m 的边坡，按照边坡长期稳定和环保要求，采用钢丝网喷混凝土和预应力锚索等综合支护措施。采石场实际月生产能力可达 20 万 m^3 以上。

随着大型高效、耐用的骨料加工机械的发展以及管理水平的提高，人工骨料的成本接近甚至低于天然骨料。采用人工骨料尚有许多天然骨料生产不具备的优点，如级配可按需调整，质量稳定，管理相对集中，受自然因素影响小，有利于均衡生产，减少设备用量，减少堆料场地，同时还可利用有效开挖料。因此，采用人工骨料或用机械加工骨料搭配的工程越来越多，在实践中取得了明显的技术经济效果。

二、骨料的开采与加工

（一）骨料的开采与加工

骨料的加工主要是对天然骨料进行筛选分级，人工骨料需要破碎、筛分加工等。

（二）基础处理

对砂砾地基应清除杂物，整平基础面；对于岩基，一般要求清除到质地坚硬的新鲜岩面，然后进行整修。整修是用铁锹等工具去掉表面松软岩石、棱角和反坡，并用高压水进行冲洗，压缩空气吹扫。当有地下水时，要认真处理，否则会影响混凝土的质量。常见的处理方法为做截水墙拦截渗水，引入集水井一并排出。

对基岩进行必要的固结灌浆，以封堵裂缝、阻止渗水；沿周边打排水孔，导出地下水，在浇筑混凝土时埋管，用水泵排出孔内积水，直至混凝土初凝，7 天后灌浆封孔；将底层砂浆和混凝土的水灰比适当降低。

（三）仓面准备

浇筑仓面的准备工作，包括机具设备、劳动组合、材料的准备等，应事先安排就绪；仓面施工的脚手架应检查是否牢固，电源开关、动力线路是否符合安全规定；照明、风水电供应、所需混凝土及工作平台、安全网、安全标识等是否准备就绪。地基或施工缝处理完毕并养护一定时间后，在仓面进行放线，安装模板、钢筋和预埋件。

（四）模板、钢筋及预埋件检查

当已浇好的混凝土强度达到 2.5MPa 后，可进行脚手架架设等作业。开仓浇筑前，必须按照设计图样和施工规范的要求，对以下三方面内容进行检查，签发合格证。

1. 模板检查。主要检查模板的架立位置与尺寸是否准确，模板及其支架是否牢固、稳定，固定模板用的拉条是否发生弯曲等。模板板面要求洁净、密封并涂刷脱模剂。

2. 钢筋检查。主要检查钢筋的数量、规格、间距、保护层、接头位置及搭接长度是否符合设计要求。要求焊接或绑扎接头必须牢固，安装后的钢筋网骨架应有足够的刚度和稳定性，钢筋表面应清洁。

3. 预埋件检查。主要是对预埋管道、止水片、止浆片等进行检查。主要检查其数量、安装位置和牢固程度。

三、混凝土拌制

混凝土拌制，是按照混凝土配合比设计要求，将其各组成材料（砂石、水泥、水、外加剂及掺合料等）拌和成均匀的混凝土料，以满足浇筑的需要。

混凝土制备的过程包括贮料、供料、配料和拌和。其中配料和拌和是主要生产环节，也是质量控制的关键，要求品种无误、配料准确、拌和充分。

（一）混凝土配料

配料是按设计要求，称量每次拌和混凝土的材料用量。配料的精度直接影响着混凝土质量。混凝土配料要求采用重量配料法，即将砂、石、水泥、掺和料按重量计量，水和外加剂溶液按重量折算成体积计算。施工规范对配料精度（按重量百分比计）的要求是水泥、掺合料、水、外加剂溶液为 +1%，砂石料为 +2%。

设计配合比中的加水量根据水灰比计算确定，并以饱和面干状态的砂子为标准。由于水灰比对混凝土强度和耐久性影响极为重大，绝对不能任意变更。施工采用的砂子，其含水量又往往较高，在配料时采用的加水量，应扣除砂子表面含水量及外加剂中的水量。

1. 给料设备

给料是将混凝土各组分从料仓按要求供到称料料斗。给料设备的工作机构常与称量设备相连，当需要给料时，控制电路开通，进行给料。当计量达到要求时，即断电停止给料。常用的给料设备有皮带给料机、电磁振动给料机、叶轮给料机和螺旋给料机。

2. 混凝土称量

混凝土配料称量的设备有简易称量（地磅）、电动磅秤、自动配料杠杆秤、电子秤、配水箱及定量水表。

（1）简易称量。当混凝土拌制量不大，可采用简易称量方式。地磅称量，是将地磅安装在地槽内，用手推车装运材料推到地磅上进行称量。这种方法最简便，但称量速度较慢。台秤称量需配置称料斗、贮料斗等辅助设备。称料斗安装在台秤上，骨料能由贮料斗迅速落入，故称量时间较快，但贮料斗承受骨料的重量大，结构较复杂。贮料斗的进料可采用皮带机、卷扬机等提升设备。

（2）自动配料杠杆秤。自动配料杠杆秤带有配料装置和自动控制装置。自动化水平高，可进行砂、石的称量，精度较高。

（3）电子秤。电子秤是通过传感器承受材料重力拉伸，输出电信号在标尺上指出荷重的大小，当指针与预先给定数据的电接触点接通时，即断电停止给料，同时继电器动作，称料斗斗门打开向集料斗供料，其称量更加准确，精度可达 99.5%。

（4）配水箱及定量水表。水和外加剂溶液可用配水箱和定量水表计量。配水箱是搅拌机的附属设备，可利用配水箱的浮球刻度尺控制水或外加剂溶液的投放量。定量水表常用于大型搅拌楼，使用时将指针拨至每盘搅拌用水量刻度上，按电钮即可送水，指针也随进水量回移，至零位时电磁阀即断开停水。此后，指针能自动复位至设定的位置。

称量设备一般要求精度较高，而其所处的环境粉尘较大，因此应经常检查调整，及时清除粉尘。一般要求每班检查一次称量精度。

（二）混凝土拌和

混凝土拌和的方法有人工拌和机械拌和两种。

1. 人工拌和

人工拌和是在一块钢板上进行，先倒入砂子，后倒入水泥，用铁铲反复干拌至少 3 遍，直到颜色均匀为止。然后在中间扒一个坑，倒入石子和 2/3 的定量水，翻拌 1 遍。再进行翻拌（至少 2 遍），其余 1/3 的定量水随拌随洒，拌至颜色一致，石子全部被砂浆包裹，石子与砂浆没有分离、泌水与不均匀现象为止。人工拌和劳动强度大、混凝土质量不容易保证，拌和时不得任意加水。人工拌和只适宜于施工条件困难、工作量小、强度不高的混凝土施工。

2. 机械拌和

用拌和机拌和混凝土较广泛，能提高拌和质量和生产率。拌和机械有自落式和强制式两种。自落式分为锥形反转出料和锥形倾翻出料两种型式强制式分为涡桨式、行星式、单卧轴式和双卧轴式。

（1）混凝土搅拌机。

1）自落式混凝土搅拌机：自落式搅拌机是通过筒身旋转，带动搅拌叶片将物料提高，在重力作用下物料自由坠下，反复进行，互相穿插、翻拌、混合使混凝土各组分搅拌均匀的。

锥形反转出料搅拌机是中、小型建筑工程中常用的一种搅拌机，其正转搅拌，反转出料。由于搅拌叶片呈正、反向交叉布置，拌和料一方面被提升后靠自落进行搅拌，另一方面又被迫沿轴向做左右窜动，搅拌作用强烈。

锥形反转出料搅拌机，主要由上料装置搅拌筒、传动机构、配水系统和电气控制系统等组成。当混合料拌好以后，可通过按钮直接改变搅拌筒的旋转方向，拌和料即可经出料叶片排出。

双锥形倾翻出料搅拌机进出料在同一口，出料时由气动倾翻装置使搅拌筒下旋

50°~60°，即可将物料卸出。双锥形倾翻出料搅拌机卸料迅速，拌筒容积利用系数高，拌和物的提升速度低，物料在拌筒内靠滚动自落而搅拌均匀，能耗低，磨损小，能搅拌大粒轻骨料混凝土，主要用于大体积混凝土工程。

2）强制式混凝土搅拌机一般筒身固定，搅拌机片旋转，对物料施加剪切、挤压、翻滚、滑动、混合，使混凝土各组分搅拌均匀。

立轴强制式搅拌机是在圆盘搅拌筒中装一根回转轴，轴上装的拌和铲和刮板，随轴一同旋转。它用旋转着的叶片，将装在搅拌筒内的物料强行搅拌使之均匀。涡桨强制式搅拌机由动力传动系统、上料和卸料装置、搅拌系统、操纵机构和机架等组成。

单卧轴强制式混凝土搅拌机的搅拌轴上装有两组叶片，两组推料方向相反，使物料既有圆周方向运动，也有轴向运动，因而能形成强烈的物料对流，使混合料能在较短的时间内搅拌均匀。它由搅拌系统、进料系统、卸料系统和供水系统等组成。

此外，还有双卧轴式搅拌机。

（2）混凝土搅拌机使用。

在混凝土搅拌机使用时应注意如下操作要点：

1）进料时应注意：防止砂、石落入运转机构；进料容量不得超载；进料时避免先倒入水泥，减少水泥黏结搅拌筒内壁。

2）运行时应注意：运行声响，如有异常，应立即检查；运行中经常检查紧固件及搅拌叶，防止松动或变形。

3）安全方面应注意：上料斗升降区严禁任何人通过或停留。检修或清理该场地时，用链条或锁门将上料斗扣牢；进料手柄在非工作时或工作人员暂时离开时，必须用保险环扣紧；出料时操作人员应手不离开操作手柄，防止手柄自动回弹伤人（强制式机更要重视）；上料前，应将出料手柄用安全钩扣牢，方可上料搅拌；停机下班，应将电源拉断，关好开关箱；冬季施工下班，应将水箱、管道内的存水排清。

4）停电或机械故障时应注意：对于快硬、早强、高强混凝土应及时将机内拌和物掏净；普通混凝土，在停拌 45min 内将拌和物掏净；缓凝混凝土，根据缓凝时间，在初凝前将拌和物掏净；掏料时，应将电源拉断，防止突然来电。

此外，还应注意混凝土搅拌机运输安全、安装稳固。

四、混凝土运输与施工

（一）水平运输设备

通常混凝土的水平运输有轨运输和无轨运输两种，前者一般用轨距为 762mm 或 1000mm 的窄轨机车拖运平台车完成，平台车上除放 3~4 个盛料的混凝土罐外，还应留一放空罐的位置，以便卸料后起吊设备可以放置空罐。

放置在平车上的混凝土盛料容器常用立罐。罐壳为钢制品，装料口大，出料口小，并设弧门控制，用人力或压气启闭。立罐容积有 1m³、3m³、6m³、9m³ 几种，容量大小应与拌和机及起重机的能力相匹配。如 3m³ 罐为 1.7t，盛料 3m³ 约 8t，共约 10t，可与 1000L、1500L、3000L 的拌和机和 10t 的起重机匹配。6m³ 罐则与 20t 起重机匹配。

为了方便卸料，可在罐的底部附设振动器，利用振动作用使塑性混凝土料顺利下落。立罐多用平台车运输，也有将汽车改装后载运立罐的，这样运输较为机动灵活。

汽车运输有用自卸车直接盛混凝土，运送并卸入与起重机不脱钩的卧罐内，再将卧罐吊运入仓卸料；也有将卧罐直接放在车厢内到拌和楼装料后运至浇筑仓前，再由起重机吊入仓内。尽管汽车运输比较机动灵活，但成本较高，混凝土容易漏浆和分离，特别是当道路不平整时，其质量难以保证。故通常仅用于建筑物基础部位、分散工程，或机车运输难于达到的部位，作为一种辅助运输方式。

综上可见，大量混凝土的水平运输以有轨机车拖运装载料罐的平板车更普遍。若地形陡峭，拌和楼布置于一岸，则轨路一般按进退式铺设，即列车往返采用进退出入；若运输量较大，则采用双轨，以保证运输畅通无阻；若地形较开阔，可铺设环行线路，效率较高；若拌和楼两岸布置，采用穿梭式轨路，则运输效率更高。有轨运输，当运距 1~1.5km，列车正常循环时间约 1h，包括料罐脱钩、挂钩、吊运、卸料、空回多次往复时间。视运距长短，每台起重机可配置 2~4 辆列车。铁路应经常检查维修，保持行驶平稳、安全，有利于减轻运送混凝土的泌水和分离。

（二）垂直运输设备

1. 门式起重机

门式起重机又称门机，它的机身下部有一门架，可供运输车辆通行，这样便可使起重机和运输车辆在同一高程上行驶。它运行灵活、操纵方便，可起吊物料做径向和环向移动，定位准确，工作效率较高。门机的起重臂可上扬收拢，便于在较拥挤狭窄的工作面上与相邻门机共浇一仓，有利于提高浇筑速度。国内常用的 10/20t 门机，最大起重幅度 40/20m，轨上起重高度 30m，轨下下放深度 35m。为了增大起重机的工作空间，国内新产 20/60t 和 10/30t 的高架门机，其轨上高度可达 70m，既有利于高坝施工，减少栈桥层次和高度，也适宜于中低坝降低或取消起重机行驶的工作栈桥。

2. 塔式起重机

塔式起重机又称塔机或塔吊。为了增加起吊高度，可在移动的门架上加设高达数十米的钢塔。其起重臂可铰接于钢塔顶，能仰俯，也有臂固定，由起重小车在臂的轨道上行驶，完成水平运动，以改变其起重幅度。塔机的工作空间比门机大，由于机身高，其稳定灵活性较门机差。在行驶轮旁设有夹具，工作时夹具夹住钢轨保持稳定。当有 6 级以上大风，必须停止行驶工作。因塔顶是借助钢丝绳的索引旋转，所以它只能向一个方向旋转 180° 或 360° 后再反向旋转，而门机却可随意旋转，故相邻塔机运行的安全距离要求较严。对 10/25t 塔机而言，起重机相向运行，相邻的中心距不小于 85~87m；当起重臂与平衡重相向时，不小于 58~62m；当平衡重相向时，不小于 34m。若分高程布置塔机，则可使相近塔机在近距离同时运行。由于塔机运行的灵活性较门机差，其起重能力、生产率都较门机低。

为了扩大工作范围，门机和塔机多安设在栈桥上。栈桥桥墩可以是与坝体结合的钢筋混凝土结构，也可以是下部与坝体结合的钢筋混凝土，上部是可拆除回收的钢架结构。桥面结构多用工具式钢架，跨度 20~40m，上铺枕木、轨道和桥面板。桥面中部为运输轨道，两侧为起重机轨道。

3. 缆式起重机

平移式缆索起重机有首尾两个可移动的钢塔架。在首尾塔架顶部凌空架设承重缆索。行驶于承重索上的起重小车靠牵引索牵引移动，另用起重索起吊重物。机房和操纵室均设在首塔内，用工业电视监控操纵。尾塔固定，首塔沿弧形轨道移动者，称为辐射式缆机；两端固定者，称为固定式缆机，俗称“走线”固定式缆机工作控制面积为一矩形；辐射式缆机控制面积为一扇形。固定式缆机运行灵活，控制面积大，但设备投资、基建工程量、能源消耗和运行费用都大于后者。辐射式缆机的优缺点恰好与之相反。

4. 履带式起重机

将履带式挖掘机的工作机构改装，即成为履带式起重机。若将 3m³ 挖掘机改装，当起重 20t，起重幅度 18m 时，相应起吊高度 23m；当要求起重幅度达 28m 时，起重高度 13m，相应起重量为 12t。这种起重机起吊高度不大，但机动灵活，常与自卸汽车配合浇筑混凝土墩、墙或基础、护坦、护坡等。

5. 塔带机

早在 20 世纪 20 年代塔带机就曾用于混凝土运输，由于用塔带机输送，混凝土易产生分离和砂浆损失，因而影响了它的推广应用。

近些年来，国外一些厂商研制开发了各种专用的混凝土塔带机，从以下三方面来满足运输混凝土的要求：

（1）提高整机和零部件的可靠性。

（2）力求设备轻型化，整套设备组装方便、移动灵活、适应性强。

（3）配置保证混凝土质量的专用设备。

墨西哥惠特斯大坝第一次成功地用 3 台罗泰克（ROTEC）塔带机为主要设备浇筑混凝土，用 2 年多时间浇筑了 280 万 m³ 混凝土，高峰年浇筑混凝土达 210 万 m³，高峰月浇筑强度达 24.8 万 m³，创造了混凝土筑坝技术的新纪录。长江三峡工程用 6 台塔（顶）带机，1999—2000 年共浇筑了 330 万 m³ 混凝土，单台最高月产量 5.1 万 m³，最高日产量 3270m³。塔带机是集水平运输和垂直运输于一体，将塔机和带式输送机有机结合的专用皮带机，要求混凝土拌和、水平供料、垂直运输及仓面作业一条龙配套，以提高效率。塔带机布置在坝内，要求大坝坝基开挖完成后快速进行塔带机系统的安装、调试和运行，使其尽早投入正常生产。输送系统直接从拌和厂受料，拌和机兼做给料机，全线自动连续作业。机身可沿立柱自升，施工中无须搬迁，不必修建多层、多条上坝公路，汽车可不出仓面。在简化施工设施、节省运输费用、提高浇筑速度、保证仓面清洁等方面，充分反映了这种浇筑方式的优越性。

塔带机一般为固定式，专用皮带机也有移动式的，移动式又有轮胎式和履带式两种，以轮胎式应用较广，最大皮带长度为 32~61m，以 CC200 型胎带机为目前最大规格，布料幅度达 61m，浇筑范围 50~60m，一般较大的浇筑块可用一台胎带机控制整个浇筑仓面。

塔带机是一种新型混凝土浇筑运输设备，它具有连续浇筑、生产率高、运行灵活等明显优势。随着胶带机运输浇筑系统的不断完善，在未来大坝混凝土施工中将会获得更加广泛的应用。

6. 混凝土泵

混凝土泵可进行水平运输和垂直运输，能将混凝土输送到难以浇筑的部位，运输过程中新拌混凝土受到周围环境因素的影响较小，运输浇筑的辅助设施及劳力消耗较少，是具有相当优越性的运输浇筑设备。然而，由于它对混凝土坍落度和最大骨料粒径有比较严格的要求，限制了它在大坝施工中的应用。

（三）混凝土施工准备

混凝土施工准备工作的主要项目有基础处理、施工缝处理、设置卸料入仓的辅助设备、模板、钢筋的架设、预埋件及观测设备的埋设、施工人员的组织、浇筑设备及其辅助设施的布置、浇筑前的检查验收等。

1. 基础处理

土基应先将开挖基础时预留下来的保护层挖除，并清除杂物，然后用碎石垫底，盖上湿砂，再进行压实，浇 8~12cm 厚素混凝土垫层。砂砾地基应清除杂物，整平基础面，并浇筑 10~20cm 厚素混凝土垫层。

对于岩基，一般要求清除到质地坚硬的新鲜岩面，然后进行整修。整修是用铁锹等工具去掉表面松软岩石、棱角和反坡，并用高压水冲洗，压缩空气吹扫。若岩面上有油污、灰浆及其黏结的杂物，还应采用钢丝刷反复刷洗，直至岩面清洁为止。清洗后的岩基在混凝土浇筑前应保持洁净和湿润。

2. 施工缝处理

施工缝是指浇筑块之间新老混凝土之间的结合面。为了保证建筑物的整体性，在新混凝土浇筑前，必须将老混凝土表面的水泥膜（又称乳皮）清除干净，并使其表面新鲜整洁、有石子半露的麻面，以利于新老混凝土的紧密结合。施工缝的处理方法有以下几种：

（1）风砂水枪喷毛。将经过筛选的粗砂和水装入密封的沙箱，并通入压缩空气。高压空气混合水砂，经喷枪喷出，把混凝土表面喷毛。一般在混凝土浇后 24~48h 开始喷毛，视气温和混凝土强度增长情况而定。如能在混凝土表层喷洒缓凝剂，可减少喷毛的难度。

（2）高压水冲毛。在混凝土凝结后但尚未完全硬化以前，用高压水（压力 0.1~0.25MPa）冲刷混凝土表面，形成毛面，对龄期稍长的可用压力更高的水（压力 0.4~0.6MPa），有时配以钢丝刷刷毛。高压水冲毛关键是掌握冲毛时机，过早会使混凝土表面松散和冲去表面混凝土；过迟则混凝土变硬，不仅增加工作困难，而且不能保证质量。一般春秋季节，在浇筑完毕后 10~16h 开始；夏季在 6~10h；冬季则在 18~24h 后进行。如在新浇混凝土表面洒刷缓凝剂，则延长冲毛时间。

（3）刷毛机刷毛。在大而平坦的仓面上，可用刷毛机刷毛，它装有旋转的粗钢丝刷和吸收浮渣的装置，利用粗钢丝刷的旋转刷毛并利用吸渣装置吸收浮渣。喷毛、冲毛和刷毛适用于尚未完全凝固混凝土水平缝面的处理。全部处理完后，需用高压水清洗干净，要求缝面无尘无渣，然后再盖上麻袋或草袋进行养护。

（4）风镐凿毛或人工凿毛。已经凝固混凝土利用风镐凿毛或石工工具凿毛，凿深 1~2cm，然后用压力水冲净。凿毛多用于垂直缝。

仓面清扫应在即将浇筑前进行，以清除施工缝上的垃圾、浮渣和灰尘，并用压力水冲洗干净。

（四）混凝土浇筑方式的确定

1. 混凝土坝分缝分块原则

混凝土坝施工，由于受到温度应力与混凝土浇筑能力的限制，不可能使整个坝段连续不断地一次浇筑完毕。因此，需要用垂直于坝轴线的横缝和平行于坝轴线的纵缝以及水平缝，将坝体划分为许多浇筑块进行浇筑。

（1）根据结构特点、形状及应力情况进行分层分块，避免在应力集中、结构薄弱部位分缝。

（2）采用错缝分块时，必须采取措施防止竖直施工缝张开后向上、向下继续延伸。

（3）分层厚度应根据结构特点和温度控制要求确定。基础约束区一般为 1~2m，约束区以上可适当加厚；墩墙侧面可散热，分层也可厚些。

（4）应根据混凝土的浇筑能力和温度控制要求确定分块面积的大小。块体的长宽比不宜过大，一般以小于 2.5 ∶ 1 为宜。

（5）分层分块均应考虑施工方便。

2. 混凝土坝的分缝分块形式

混凝土坝的浇筑块是用垂直于坝轴线的横缝和平行于坝轴线的纵缝及水平缝划分的。分缝方式有垂直纵缝法、错缝法、斜缝法、通仓浇筑法等。

（1）纵缝法

用垂直纵缝把坝段分成独立的柱状体，因此又叫柱状分块。它的优点是温度控制容易，混凝土浇筑工艺较简单，各柱状块可分别上升，彼此干扰小，施工安排灵活，但为保证坝体的整体性，必须进行接缝灌浆；模板工作量大，施工复杂。纵缝间距一般为 20~40m，以便降温后接缝有一定的张开度，便于接缝灌浆。

为了传递剪应力的需要，应在纵缝面上设置键槽，并在坝体到达稳定温度后进行接缝灌浆，以增加其传递剪应力的能力，提高坝体的整体性和刚度。

（2）错缝分块法

错缝法又称砌砖法。分块时将块间纵缝错开，互不贯通，故坝的整体性好，进行纵缝灌浆。但由于浇筑块互相搭接，施工干扰很大，施工进度较慢，同时在纵缝上、下端因应力集中容易开裂。

（3）斜缝法

斜缝一般沿平行于坝体第二主应力方向设置，缝面剪应力很小，只需设置缝面键槽不必进行接缝灌浆，斜缝法往往是为了便于坝内埋管的安装，或利用斜缝形成临时挡洪面采用的。但斜缝法施工干扰大，斜缝顶并缝处容易产生应力集中，斜缝前后浇筑块的高差和温差需严格控制，否则会产生很大的温度应力。

（4）通缝法

通缝法即通仓浇筑法，它不设纵缝，混凝土浇筑按整个坝段分层进行：一般不需要埋设冷却水管。同时由于浇筑仓面大，便于大规模机械化施工，简化了施工程序，特别是大大减少了模板工作量，施工速度快。但因其浇筑块长度大，容易产生温度裂缝，所以温度控制要求比较严格。

第三章　地下建筑工程施工

第一节　地下工程开挖方式选择

一、相关知识

（一）平洞的施工程序

平洞施工方法有两种，即常用的钻眼爆破法及全断面掘进法（TBM 法）。钻眼爆破法施工工序是钻孔、装药、爆破、通风散烟、清撬、出渣、检查及测量放线，在地质条件较差的地段，应增加锚杆支护、混凝土衬砌、灌浆等工序，同时，还需进行排水、照明、供水、供电、供风等辅助工作，保证平洞施工的顺利进行。因此，钻爆法施工有以下几个特点：

（1）施工作业空间狭小，工序多，交叉作业多，施工干扰大。在长隧洞施工中，由于施工进度的要求，还需开挖施工支洞以增加工作面，这样就增加了工程造价。

（2）洞线地质条件直接决定平洞的施工方法。岩石是成洞开挖的对象，又是成洞后支护的对象，在施工中应充分了解洞周的围岩性质，根据不同围岩类别，采取不同的开挖方法和支护措施，发挥围岩的自承稳定能力，加快施工进度，以节省工程造价。

（3）平洞施工基本上不受外界气候影响，但施工条件差，粉尘及有害气体不易排出，因此，在施工中必须严格遵守安全操作规程，制定相应的安全技术措施，确保施工人员生命安全。

（二）平洞的开挖方式

平洞开挖的基本要求如下：开挖断面尺寸必须符合设计要求，尽可能减少超挖及欠挖；控制装药量，尽量减小对洞周围岩的破坏，以提高围岩的自稳能力，同时使爆落的岩块大小适度，以便于出渣；合理布置炮孔位置、炮孔数量和炮孔深度，以提高爆破效果，加快施工进度，降低工程造价。因此，必须根据洞线地质条件、平洞形式和断面尺寸、施工条件及施工机械设备，选择合理的平洞开挖方法。

1. 全断面开挖法

全断面开挖是指平洞的设计断面一次性钻孔爆破成型。平洞的衬砌或支护，可在全洞贯通后进行，也可在掘进相当距离后进行。在地质条件较好、围岩坚固稳定、不需要临时支护或仅需局部支护的大小断面平洞中，又有完善的机械设备，均可采用全断面开挖方法。

2. 导洞开挖法

导洞开挖法就是在平洞中先开挖一个小断面的洞作为先导（称为导洞），然后扩大至整个设计断面，根据导洞与扩大开挖的次序可分为导洞专进法和导洞并进法。导洞专进法是待导洞全线贯通后再开挖扩大部分；导洞并进法是待导洞开挖一定距离（一般为 10~15 m）后，导洞与扩大部分的开挖同时前进。根据导洞在整个断面中的不同位置，可分为上导洞、下导洞、中导洞、双导洞等开挖方法。

3. 导洞的形状和尺寸

导洞一般采用上窄下宽的梯形断面，这种形状施工简单、受力条件较好，可利用底角布置风、水等管线。导洞断面尺寸是根据出渣运输要求、临时支护形式和人行安全的条件确定。一般底宽为 2.5~4.5 m（其中人行通道宽取 0.7 m），高度为 2.2~3.5 m。

（三）竖井和斜井的施工程序

竖井和斜井是水电站地下厂房中常见的建筑物，其高度较高、断面相对较小，井线与水平夹角大于 75° 的是竖井；井线与水平夹角为 40° ~75° 的是斜井；洞线与水平夹角为 6° ~40° 的是斜洞。由于竖井和斜井具有各自的特点，其施工方法分述如下：

1. 竖井

竖井施工特点有二：一是竖向作业，即竖向开挖、竖向出渣和竖向衬砌；二是与水平隧洞相通，因此，可先挖通与竖井相连通的水平通道，为竖井施工创造条件。一般竖井施工有全断面法和导井法。

（1）全断面法。自上而下全断面竖井开挖法与隧洞的全断面施工类似。但由于是竖向作业，施工困难，进度较慢，适用于采用普通钻爆法开挖的小断面竖井。采用全断面竖井开挖时，应注意做好竖井锁口，确保提升安全，做好井内外排水防水设施。注意观测围岩情况，采取相应措施确保安全施工。

全断面竖井开挖，也可采用深孔爆破法，即按设计要求，断面炮孔一次钻孔，再自下而上分层爆破（或一次爆破），由下部平洞出渣。此法适用于深度不大、围岩稳定的竖井。施工时要控制钻孔的偏斜，偏斜率应小于 0.5%，同时还应控制装药量，特别是周边炮孔的装药量。

（2）导井法。导井法即在竖井中部先开挖导井（断面面积 4~5 m^2），然后扩大的施工方法。导井有自上而下和自下而上的开挖方法。前者可用普通钻爆法，也可用大钻机施工，如图 3-1 所示；后者常用吊罐法（也称吊篮法）或爬罐法施工。扩大开挖可自上而下逐层下挖，也可自下而上倒井上挖。扩挖的石渣，经导井落至井底，由井底水平通道运出洞外，如图 3-2 所示。

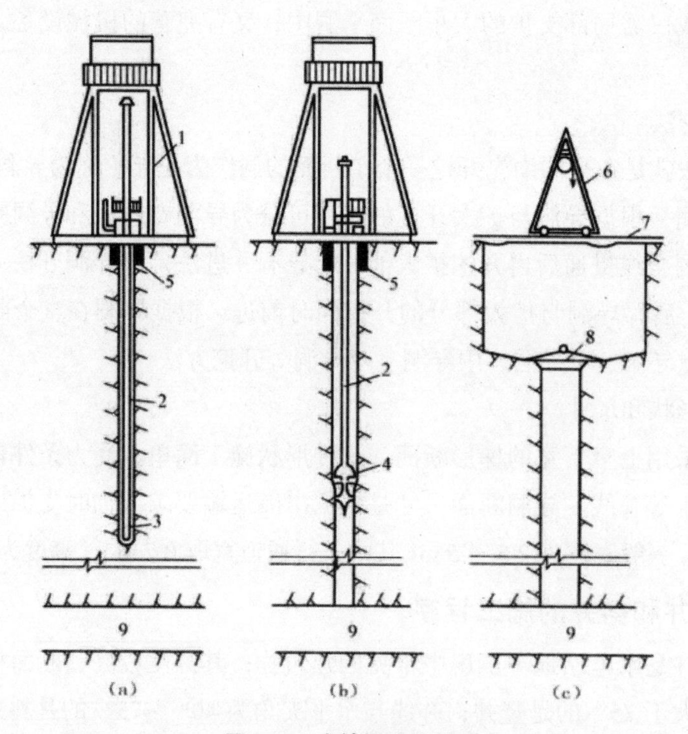

图 3–1 大钻机开挖竖井

（a）钻导井；（b）导井扩大；（c）扩挖竖井

1- 钻架；2- 钻杆；3- 初钻钻头；4- 扩孔钻头；5- 混凝土井口；

6- 吊车；7- 钢轨；8- 安全罩；9- 水平通道

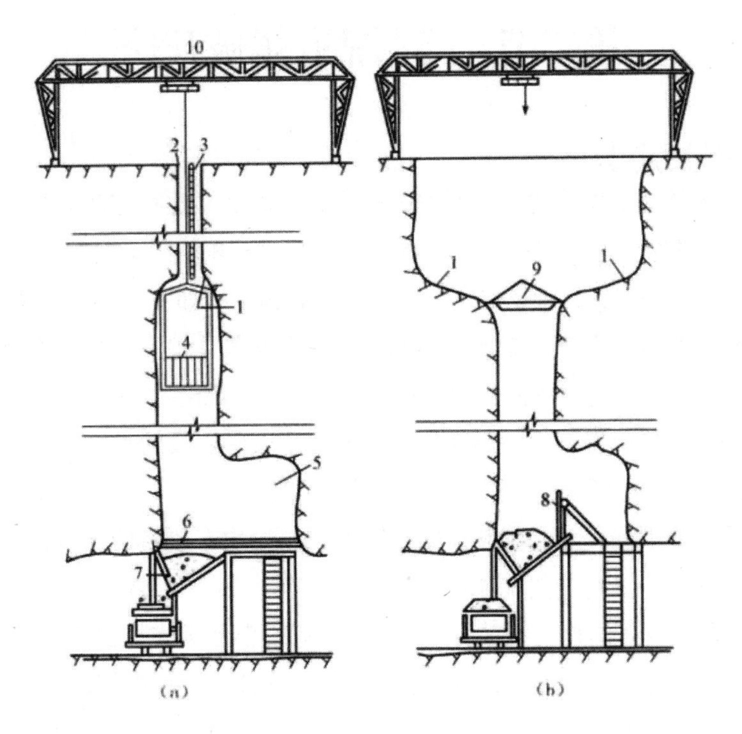

图 3-2　吊罐法开挖竖井

（a）自下而上开挖导井；（b）自上而下扩挖导井

1- 开挖面；2- 起吊吊罐通过钢缆中心孔；3- 通过风、水管的边孔；4- 吊罐；5- 吊罐安全洞；6- 钢轨导架；7- 集渣漏斗；8- 挡板；9- 安全罩；10- 吊车

2. 斜井

斜井的施工条件与竖井相近，可按竖井方法施工。

二、任务实施

1. 分析工程基本资料

认真阅读该隧洞的基本资料，熟悉工程要求及设计标准。

2. 隧洞施工方法选择

根据工程资料比选并拟订该隧洞的施工方法。

3. 隧洞施工程序制定

根据拟订的隧洞的施工方法，制定该隧洞施工程序。

4. 其他

对施工方法及施工程序中的问题加以改进。

第二节　隧洞钻孔爆破开挖

一、相关知识

钻孔爆破法是地下建筑物岩石开挖的主要施工方法。这种方法对岩层地质条件适应性强、开挖成本低，尤其适合岩石坚硬、长度相对较短的洞室施工。

与露天开挖爆破相比，地下洞室岩石开挖爆破施工有如下主要特点：

1. 因照明、通风、噪声及渗水等影响，钻爆作业条件差；钻爆工作与支护、出渣运输等工序交叉进行，施工场面受到限制，增加了施工难度。

2. 爆破自由面少，岩石的夹制作用大，增大了破碎岩石的难度，使岩石爆破的单位耗药量提高。

3. 爆破质量要求高。对洞室断面的轮廓形成一般均有严格的标准，控制超挖，不允许欠挖；必须防止飞石、空气冲击波对洞室内有关设施及结构的损坏；应尽量控制爆破对围岩及附近支护结构的扰动与质量影响，确保洞室的安全稳定。

钻孔爆破法主要施工顺序是钻孔、装药爆破、出渣及相应的辅助工作。

（一）钻孔爆破设计

地下建筑物的钻孔爆破法开挖受工作面、自由面、地质条件、爆破材料及钻孔设备等条件影响较大，做好钻孔爆破设计尤为重要。钻孔爆破设计的主要任务为确定开挖断面的炮孔布置，即各类炮孔的位置、方向和深度；确保各类炮孔的装药量、装药结构及堵孔方式；确定各类炮孔的起爆方法和起爆顺序。

1. 炮孔类型及布置

由于受工作面、自由面的限制和控制开挖断面轮廓形状及尺寸的要求，根据炮孔的作用可分为掏槽孔、崩落孔和周边孔，如图 3-3 所示。

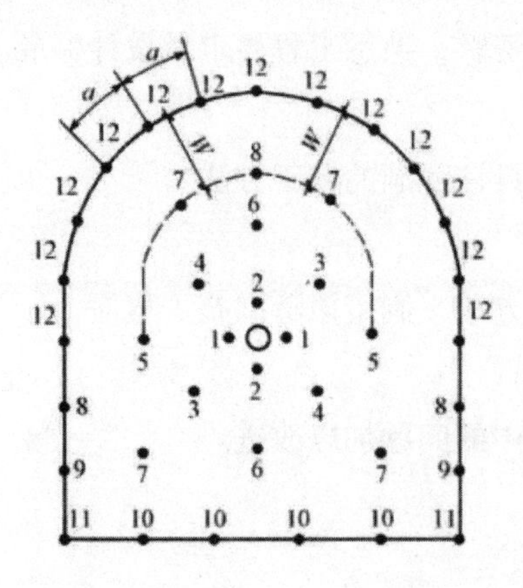

图 3–3　光面爆破洞布置图

1、2– 掏槽孔；3~8– 崩落孔；9~12– 周边孔

掏槽孔通常布置在开挖断面的中下部。掏槽孔是整个断面炮孔中必须首先起爆的炮孔，由于其密集的布孔和装药，先在开挖面（只有一个自由面）上炸出一个槽腔，为后续炮孔的爆破创造新的自由面。周边孔是沿断面设计边线布置的炮孔，一般在断面炮孔中最后起爆。其作用是爆出较为平整的洞室开挖轮廓。崩落孔布置在掏槽孔与周边孔之间。在掏槽孔起爆后，崩落孔由中心往周边逐层顺序起爆。其作用是扩大掏槽孔炸出的槽腔，崩落开挖面上的大部分岩石，同时也为周边孔创造自由面。

2. 炮孔数量和装药量

掘进工作面上的炮孔数量和装药量，受岩层性质、炸药性能、爆破时自由面状况、炮孔大小和深度、装药方式、工作面的形状和大小、岩渣的块度等多种因素的影响，很难用理论计算确定。在实际工作中，常采用类比法或经验公式法初步确定单位耗药量和掘进深度，估算炮孔数量和炮孔间距，然后结合具体工程进行现场试验，最后研究确定较合理的炮孔数量和各种炮孔类型的炮孔间距。

3. 炮孔深度

炮孔深度应根据开挖断面的大小、岩层性质、掏槽形式、钻机形式和掘进循环作业时间进行选择。实践证明，加大炮孔深度可以提高掘进速度。炮孔深度增加后，相应的装药爆破、通风、出渣等工序的相对时间减少，单位时间内的进尺即可加快。但炮孔深度增加，钻孔速度和炮孔利用率将会降低，单位耗药量有所增加。因此，炮孔深度应经综合分析后确定。根据经验，炮孔深度为隧洞开挖断面宽度的 0.5~0.85，同时，还应与循环作业时间相协调。

（二）钻孔爆破循环作业

用钻孔爆破法开挖地下建筑物，每掘进一次，主要工序有钻孔准备、钻孔、装药、爆破、通风排烟、安全检查、出渣、延长运输线路和风水电管线等。掘进一次的工序组合称为循环作业。一昼夜的循环次数应为整数，因此，常采用的循环时间为 4h、6h、8h、12h 等，视开挖断面的大小、围岩稳定的程度和钻孔出渣设备的能力等因素来确定。当围岩稳定性较好，有钻架台车或多臂钻车钻孔，短臂挖掘进机或装载机配自卸汽车出渣时，宜采用深孔少循环的方式，以节省辅助工作的时间。若围岩的稳定性较差，用风钻钻孔、斗车或矿车出渣，宜采用浅孔多循环的方式，以保证围岩稳定。例如，用气腿式风钻钻孔的导洞开挖，循环进尺常取 1.8~2.0 m，每班 2~3 个循环；小断面隧洞开挖，若使用钻架台车或多臂钻车时，循环进尺可取 3~5 m，每班完成一个循环。

循环进尺是循环作业计划的核心。在确定循环进尺时，通常是根据围岩条件、钻孔出渣设备的能力，初步选定掘进深度，计算钻孔、装药爆破、出渣、临时支护等工

序的时间，然后按班或日循环次数为整数的原则，再修改初选进尺，直到满足正常班次的循环作业为止。

二、任务实施

1. 分析工程基本资料。

2. 施工准备工作。

3. 制订钻孔、装药爆破、出渣及相应的辅助工作方案。

4. 及时发现并解决隧洞爆破开挖施工过程中出现的问题。

第三节　隧洞掘进机开挖

一、相关知识

岩石隧道掘进机开挖是利用岩石隧道掘进机在岩石地层中暗挖隧道的一种施工方法。所谓岩石地层，是指该地层有硬岩、软岩、风化岩、破碎岩等类，在其中开挖的隧道称为岩石隧道。施工时所使用机械通常称为岩石隧道掘进机（Tunnel Boring Machine，TBM）。在我国，由于行业部门的习惯，也称为全断面隧道掘进机或隧道掘进机，简称掘进机。

（一）TBM 掘进机施工环节

掘进机在我国甘肃引大入秦和山西万家寨引黄入晋等隧洞工程中相继应用，获得了很大效益。掘进机虽然技术先进，但是，只有完全掌握这项技术，对隧洞施工全过程中的每一个环节进行严格把关，才能真正保证掘进机隧洞施工质量。

1. 地质勘查

地质条件是影响掘进机隧洞施工质量的重要因素，也是掘进机选型的重要依据。地质勘查成果资料要求全面、真实、准确。

2. 掘进机选型

掘进机根据支护形式分为以下三种机型，分别适用于不同的地质条件：敞开式，常用于纯质岩；双护盾，常用于混合地层；单护盾，常用于劣质地层及地下水位较高的地层。掘进机根据刀盘直径大小分为 13 种，分别为 2m、3m、4m、5m、6m、7 m、8m、9m、10m、11m、12m、13m、14m。

在掘进机上安装一些特殊设备，可以避免和消除地质条件变化对隧洞施工质量的影响，如采用超前探钻、环形管片安装器、岩石锚固装置及易爆气体检测装置等。

3. 掘进机工作人员

掘进机工作人员的素质和技术水平直接影响着隧洞施工质量，只有高素质和高水平的工作人员才能保证高质量的隧洞施工。

4. 掘进机检修和维护

加强检修和维护，可保证掘进机良好运行，这对保证施工质量和延长掘进机寿命非常重要。

（1）边刀（位于刀盘周边的刀具）。隧洞洞径由边刀尺寸决定。在掘进过程中，刀具磨损特别是边刀磨损非常严重，因此，加强刀具磨损检查和更换新刀具对于保证洞径非常重要。为了延长刀具使用寿命，磨损的边刀也可以用作面刀，即位于刀盘面部的刀具再次使用，一般边刀最大允许磨损量约等于面刀最大允许磨损量的 1/2。当边刀达到其磨损极限时，应更换新刀具。

（2）主轴承（与刀盘连接并驱动刀盘旋转的大型轴承）。掘进机总进尺主要由主轴承使用寿命决定。在掘进机检修期间，损坏的主轴承由于受到隧洞狭小空间的限制，难以拆除和更新安装，因此，应根据隧洞长度选用主轴承型号，加强对主轴承的维护。

（3）激光导向仪。隧洞轴线主要由激光导向仪控制，为此，应加强仪器检查和校核，保证仪器精度和洞轴线在允许偏差范围之内。

5. 预制管片制作和安装

（1）预制管片制作：1）采用先进的生产工艺；2）加强预制管片原材料、每一道工序及成品质量检验；3）加强预制管片生产模具质量检验，保证模具不变形、不扭曲。

（2）预制管片安装：1）采用先进的安装工艺；2）采用环形管片安装器安装管片，先安装底部，后安装两侧，最后安装顶部；3）管片安装时，要采取保护措施，保证管片不被挤裂、棱角不受损坏；4）管片安装要做到定位准确及管片间接缝严密。

6. 隧洞施工质量监督

（1）隧洞施工质量监督贯穿于隧洞施工全过程。对保证隧洞施工质量和消除质量隐患起着非常重要的作用。

（2）隧洞施工质量重点检查内容：1）隧洞直径、轴线、坡度、进尺等重要指标；2）掘进机性能和运行状况；3）预制管片制作和安装质量。

（二）掘进机的优缺点

掘进机开挖与传统钻爆法相比，具有以下优点：

1. 它利用机械切割、挤压破碎，能使掘进、出渣、衬砌支护等作业平行连续地进行，工作条件比较安全，节省劳力，整个施工工程能较好地实现机械化和自动化控制。

2. 掘进机挖掘的洞壁比较平整，断面均匀，超欠挖量少，围岩扰动少，对衬砌支护有利。

掘进机开挖的主要缺点如下：

（1）设备复杂、昂贵、安装费时。

（2）掘进机不能灵活适应洞径、洞轴线的走向、地质条件与岩性等方面的变化。

（3）刀具更换、风管送进、电缆延伸、机器调整等辅助工作占用时间较长。

（4）掘进机掘进时释放大量热量，工作面上环境温度较高，因此要求有较大的通风设备。

由此可见，选择掘进机掘进方案，必须结合工程具体条件，通过技术经济比较确定。

二、任务实施

1. 分析工程基本资料。

2. 施工准备工作。

3. 主要工作。完成地质资料分析，确定工作人员，掘进机的选型，编制掘进机检修和维护、预制管片制作和安装、隧洞施工质量监督的工作方案。

4. 其他。及时发现并解决隧洞开挖施工过程中出现的问题。

第四节　喷锚支护施工

一、相关知识

喷锚支护是喷混凝土支护、锚杆支护、喷混凝土锚杆支护、喷混凝土锚杆钢丝网支护等不同支护形式的统称，是地下工程支护的一种新形式。合理应用可最大限度地发挥围岩的自承能力，也是新奥地利隧道工程法（新奥法）的主要支护措施。

喷锚支护的施工特点是，在洞室开挖后，将围岩冲洗干净，适时喷上一层厚 3~8 cm 的混凝土，防止围岩松动。如发现围岩变形过大，可视需要及时加设锚杆或加厚混凝土，使围岩稳定。因此，喷锚支护既可以做临时支护，也可以做永久支护。它适用于各种地质条件、不同断面大小的地下洞室，但不适用于地下水丰富的地区。

近年来，凡是正确应用喷锚支护，并且与新奥法紧密相连的工程，都收到了良好的技术经济效益。它与沿用的现浇混凝土衬砌相比，混凝土量减少 50% 以上，开挖量减少 15%~25%，可省去支模和灌浆工序，劳动力节省 50% 左右，施工速度加快一倍以上，造价降低 50% 左右。

（一）喷锚支护原理

喷锚支护是充分利用围岩的自承能力和具有弹塑性变形的特点，有效控制和维护围岩稳定的、最大限度发挥围岩自承能力的新型支护。其原理是把岩体视为具有黏性、弹性和塑性等物理性质的连续介质，洞室开挖后，洞室周围的岩体（围岩）将向着临空面变形，变形随时间的延长而增大，增大到一定程度，围岩将产生坍塌。因此，在围岩产生一定变形前，应及时采用既有一定刚度又有一定柔性的薄层支护结构，使支护与围岩紧密地黏结成一个整体，既限制围岩变形，又可与围岩“同步变形”，从而加固和保护围岩，使围岩成为支护的主体，充分发挥围岩自身承载能力，以增加围岩的稳定性。

喷锚支护原理与传统的现浇混凝土衬砌的松动围岩压力理论有着本质的不同。后者认为洞室的衬砌或支护结构，完全是为了承担洞壁邻近部分松塌岩体所形成的松动围岩而设置的，并且认为围岩的松塌是不可避免的，围岩越差，洞室越大，松塌的范围也就越大，因此，所用支护结构必然是坚固的、较厚的混凝土或钢筋混凝土衬砌。实践证明，传统的衬砌理论不能正确地反映围岩的自承能力，这种理论只适用于围岩非常松散破碎的洞室衬砌。

（二）喷混凝土支护施工

喷混凝土是将水泥、砂、石等集料，按一定配合比拌和后，装入喷射机中，用压缩空气将混合料压送到喷头处，与水混合后高速喷到作业面上，快速凝固成一种薄层支护结构。这种支护结构的主要作用是，喷射混凝土不但与围岩表面有一定的黏结力，而且能充填围岩的缝隙，提高围岩的整体性和强度，增强围岩抵抗位移和松动的能力，同时，还能起到封闭围岩、防止风化的作用，是一种高效、早强、经济的轻型支护结构。当岩体比较破碎时，还可以利用丝网拉挡锚杆之间的小岩块，增强混凝土喷层，辅助喷锚支护。

1. 喷混凝土支护的特点

锚混凝土支护施作及时，喷层紧贴岩面，会有一定的早强性能，因而能及时控制围岩变形，防止围岩的松散和坍塌，由于它具有柔性，所以能与围岩共同变形。这样，一方面岩体释放变形，另一方面喷层提供抗力阻止变形，因此，喷层所受的力不是松散压力，而是喷层限制围岩变形过程中所受的变形压力，所以，受力条件最好，所受的力最小。

2. 喷混凝土支护的作用

（1）充填裂隙，加强围岩，能把一部分水泥砂浆渗透到围岩的节理裂隙中去，并填补岩面坑洼，将应力松散区一定范围的松动岩块重新胶结起来，因而能够加固围岩，消除局部应力集中。

（2）抑制围岩变形的发展，提高了围岩的稳定性，由于喷混凝土能及时施作，具有较高的早期强度，因此，围岩的变形被抑制了，同时还封闭了岩面，防止围岩因风化、潮解而产生蚀变。

（3）与围岩共同作用以改善衬砌受力条件，喷混凝土具有一定的黏结强度和抗剪强度，它能与围岩紧密地黏结在一起，可以充分地利用围岩的抗力，因而大大降低了衬砌内的弯矩，同时组成了衬砌与围岩共同工作的体系。

（4）喷混凝土的作用视围岩条件而异。围岩中层理、节理等不连续面支配隧道动态的场合中，对中硬岩、硬岩等节理间距比较大的情形，喷混凝土可按防止局部岩块掉落和弱层补强效果考虑。

3. 喷射混凝土的施工工艺

喷射混凝土的施工方法有干喷、潮喷、湿喷和半湿喷四种。其主要区别是投料的程序不同，尤其是加水和速凝剂的时机不同。

（1）干喷和潮喷。干喷是将集料、水泥和速凝剂按设计比例干拌均匀，然后装入喷射机，用压缩空气将混合的干集料压送到喷枪，再在喷嘴处与高压水混合，以较高速度喷射到岩面上。其优点是喷射机械较简单，机械清洗和故障处理容易；缺点是产生的粉尘量大，回弹量大，水灰比不易控制。

潮喷只是在集料中预加少量水，从而降低上料、拌和和喷射时的粉尘。其他方面与干喷工艺一样。由于潮喷可降低一定的粉尘。目前使用较多。

（2）湿喷。湿喷是将集料、水泥和水按设计比例拌和均匀，用湿式喷射机压送到喷头处，再在喷头上添加速凝剂后喷出。

湿喷的优点是粉尘少、回弹量小、混凝土质量容易控制；缺点是对喷射机械要求较高，机械清洗和故障处理较麻烦。

（3）半湿喷。半湿喷又称混合喷射或水泥裹砂造壳喷射。其施工程序是先将一部分砂加第一次水拌湿，再投入全部水泥预制搅拌造壳，然后加第二次水和减水剂拌和成SEC砂浆，同时将另一部分砂和石及速凝剂强制搅拌均匀，最后分别用砂浆泵和干式喷射机压送到混合管喷出。

半湿喷所使用的主要机械设备与干喷基本相同。但由于半湿喷是分次投料搅拌，混凝土的质量较干喷时要好，粉尘和回弹率也有大幅度降低。但机械数量较多，工艺较复杂，机械清洗和故障处理很麻烦，尤其是水泥裹砂造壳技术的质量，直接影响到喷射混凝土的质量，施工技术要求高。

由于湿喷和半湿喷工作面粉尘小，混凝土强度高，回弹率小，所以湿喷和半湿喷被广泛应用。小浪底洞室壁几乎全部采用湿喷。

4. 喷射混凝土机械设备

（1）喷射机。喷射机是喷射混凝土的主要设备，有干式喷射机和湿式喷射机。干式喷射机有双罐式喷射机、转体式喷射机和转盘式喷射机；湿式喷射机有挤压泵式喷射机、转体活塞式喷射机和螺杆泵式喷射机。泵式喷射机要求混凝土具有较大的流动性和大于 70% 的含砂率，机械构造较为复杂，清洗和故障处理麻烦，机械使用费用较高，目前现场使用较少，有待进一步改进推广。

（2）机械手。喷头的喷射方向和距离的控制，可采用人工控制或机械手控制。人工控制虽然可以近距离随时观察喷射情况，但劳动强度大，粉尘危害大，易危及人身安全，现场只用于解决少量和局部的喷射工作。机械手控制可避免以上缺点，喷射灵活方便，工作范围大，效率高。

5. 喷前检查及准备

喷射前应做好以下工作：

（1）对开挖断面尺寸进行检查，清除松动危石，用高压风和水清洗受喷面，对欠挖、超挖严重的，应予以处理。

（2）受喷岩面有集中渗水处，应做好排水的引流处理，并根据岩面潮湿程度，适当调整水灰比。

（3）埋设喷层厚度检查标志。可在石缝处钉铁钉，安设钢筋头等方法做标志。

（4）检查、调试好各机械设备的工作状态。

6. 施喷注意事项

（1）喷射时应分段（不超过 6 m）、分部（先下后上）、分块（2 m×2 m）进行，严格按先墙后拱、先下后上的顺序进行，以减少混凝土因重力作用而引发的滑动或脱落现象。

（2）喷头要垂直于受喷面，倾斜角度不大于 10°，距离受喷面 0.8~1.2 m。喷头移动可采用 S 形往返移动前进，也可采用螺旋形移动前进。

（3）喷射时，一次喷射厚度不得太薄或太厚，对于岩面凹陷处，应先喷且多喷，凸出处，应后喷且少喷。

（4）若设计喷射混凝土较厚，应分 2~3 层喷射。分层时间间隔不能太短，在初喷混凝土终凝后，即可复喷。喷射混凝土的终凝时间与水泥品种、施工温度、速凝剂类型及掺量等因素有关。间隔时间较长时，应将初喷面清洗干净后再进行复喷。

（5）喷射混凝土的养护应在其终凝 1~2 h 后进行，养护时间不得小于 7 d。

（6）冬期施工时，喷射混凝土作业区的气温不得低于 5℃；混凝土强度未达到设计强度的 50% 时，若气温降于 5℃以下，则应注意采取保温防冻措施。

（7）回弹物料的利用。采用干法喷射混凝土时，一般边墙的回弹率为 10%~20%、拱部为 20%~35%，故应将回弹混凝土回收利用。常用的方法是及时将洁净的尚未凝结的回弹物回收，掺入混合料重新搅拌，但掺量不宜超过 15%，且不宜用于顶拱；也可将回弹混凝土掺入普通混凝土中，但掺量也应加以控制。

7. 其他形式的喷混凝土支护施工

目前常用喷射混凝土除了素喷混凝土外，还有钢纤维喷射混凝土和钢筋网喷射混凝土。

（1）钢纤维喷射混凝土。钢纤维喷射混凝土的一系列性能都优于普通喷混凝土，国内外试验资料表明，与不掺钢纤维的同级喷混凝土相比，钢纤维喷射混凝土的抗压强度提高 5%~10%，抗拉强度增加 30%~60%，抗弯曲强度提高 30%~90%，但它的费用较高，一般仅用于塑性岩体、膨胀性岩体、土质浅埋隧道、高速水冲刷的隧洞、洞内塌方抢险工程及净空受限制的运营隧道裂损衬砌加固。钢纤维喷射混凝土用的钢纤维应满足下列要求：

1）普通碳素钢纤维的抗拉强度不得低于 380MPa。

2）钢纤维的长度宜为 20~25 mm，且不得大于 25 mm。

3）钢纤维的直径宜为 0.3~0.5 mm。

4）钢纤维掺量宜为混合料重量的 3%~6%。钢纤维喷射混凝土的容重为 23~24 kN/m^3。当钢纤维体积百分率不变时，其直径减少则钢纤维间距也随之减小，而对混凝土裂缝扩展的约束能力也就越强，使混凝土的各种性能得到强化。但直径过小，会使钢纤维添加多，使其搅拌合施工发生困难。而钢纤维长度大于 25 mm，掺量超过混合料的 6% 时，搅拌的均匀性和喷射施工的流畅性则会发生困难。

（2）钢筋网喷射混凝土。钢筋网喷射混凝土是在喷射混凝土之前，在岩面上挂设钢筋网，然后再喷射素混凝土。主要用于软弱破碎围岩，更多的是与锚杆构成联合支护，在我国隧洞工程中应用较多。其施工时应注意以下几点：

1）钢筋使用前应清除污锈。钢筋网宜在现场预制点焊成网片，也可就地绑扎。

2）成品钢筋网安设时，其搭接长度不小于 200 mm。

3）钢筋网宜在岩面喷一层混凝土后攀岩面起伏铺设，既可保证作业安全，又可使岩面平整。钢筋与壁面的间隙，宜为 30 mm，不宜小于 20 mm。当采用光爆，岩面比较平整时，也可先挂网，再喷混凝土（挂网在锚杆安设后进行）。

4）采用双层钢筋网时，第二层钢筋网应在第一层钢筋网被混凝土覆盖后铺设。

5）钢筋网应与锚杆、钢架或其他锚定装置连接牢固，喷射时钢筋不得晃动。当与锚杆尾连接时需在 3d 后进行。

二、任务实施

1. 分析工程基本资料。

2. 施工准备工作。

3. 主要工作。完成地质资料分析，确定工作人员，确定支护方式、支护机械、支护材料，编制机械检修和维护、锚杆制作和安装，喷锚支护施工质量监督的工作方案。

4. 其他。及时发现并解决隧道喷锚支护施工过程中出现的问题。

第五节　衬砌施工

一、相关知识

地下洞室开挖后，为了防止围岩风化和坍落，保证围岩稳定，往往要对洞壁进行衬砌。衬砌类型有现浇混凝土或钢筋混凝土衬砌、混凝土预制块或条石安砌、预填集料压浆衬砌等。下面仅介绍隧洞现浇混凝土及钢筋混凝土衬砌施工。

（一）平洞衬砌的分段分块及浇筑顺序

水工隧洞较长，纵向需要分段进行浇筑，分段长度根据围岩约束特性、隧洞断面大小、混凝土浇筑能力和模板结构形式等因素确定，一般分段长度以 4~15 m 为宜。当结构上设有永久伸缩缝时，可利用结构永久缝分段；当结构永久缝间距离过大或无永久缝时，可设施工缝分段，并做好施工缝的处理。

分段浇筑可分为跳仓浇筑、分段流水浇筑和分段留空档浇筑三种方式。

分段流水浇筑时，必须等先浇筑段混凝土达到一定强度后，才能浇筑相邻后段，影响施工进度。跳仓浇筑可避免窝工，因此，隧洞衬砌常采用跳仓浇筑或分段留空档浇筑。对于无压平洞，结构上按允许开裂设计时，也可采用滑动模板连续施工的浇筑方式，但施工工艺必须严格控制。

衬砌施工除在纵向分段外，在横断面上也采用分块浇筑，一般分为底拱（底板）、边拱（边墙）和顶拱。常采用的浇筑顺序为先底拱（底板）、后边拱（边墙）和顶拱。可以连续浇筑，也可以分开浇筑，视浇筑能力或模板形式而定。地质条件较差时，可采用先顶拱、后边拱（边墙）和底拱（底板）的浇筑顺序。当采用开挖和衬砌平行作业时，由于底板清渣无法完成，可采用先边拱（边墙）和顶拱，最后浇筑底拱（底板）的浇筑顺序。当采用底拱（底板）最后浇筑的顺序时，应注意已衬砌的边墙顶拱混凝土的位移和变形，并做好接头处反缝的处理，必要时反缝要进行灌浆。

（二）衬砌混凝土的浇筑

由于隧洞衬砌的工作面狭窄，混凝土的运输和浇筑，以及浇筑前钢筋的绑扎、安装等工作都较困难，采用合理的施工方案、先进的施工技术和组织设计尤为重要。隧洞衬砌内的钢筋，是在洞外制作，运入洞内安装绑扎。扎筋工作常在立好模板并预留端部挡板的时候进行。

隧洞混凝土浇筑的关键是混凝土的运输组合。混凝土水平运输有自卸汽车、搅拌运输车、专用梭车、搅拌罐车等。混凝土的入仓运输常用混凝土泵，常用型号为液压活塞泵。

混凝土泵的给料设备是保证混凝土泵生产率的重要配套设备，应根据混凝土泵进料高度、运输车辆出料高度及工作面等进行选择。

在浇筑顶拱时，浇筑段的最后一个预留窗口的混凝土封堵，称为封拱。由于受仓内工作条件限制，为使混凝土形成完整拱圈的封拱工作，常采取以下两种措施：

1. 封拱盒封拱

当最后一个顶拱预留窗口，工人无法操作时，退出窗口，并在窗口四周装上模框，将窗口浇筑成长方形，待混凝土强度达到 1 N/mm² 后，拆除模框，洞口凿毛，装上封拱盒封拱。

2. 混凝土泵封拱

使用混凝土泵浇筑顶拱混凝土时，封拱布置即将导管的末端接上冲天尾管，垂直地穿过模板伸入仓内，冲天尾管的位置应用钢筋固定，尾管之间的间距根据混凝土扩散半径确定，一般为 4~6 m，离端部约 1.5 m，尾管出口与岩面的距离一般为 20 cm 左右，其原则是在保证出的混凝土能自由扩散的前提下，越贴近岩面，封拱效果越好。为了排除仓内空气和检查拱顶混凝土充填情况，应在仓内最高处设置通气孔。为了便于人进仓工作，应在仓的中央设置进入孔。

混凝土泵封拱的步骤如下：当混凝土浇筑至顶拱仓面时，撤出仓内各种器材，并尽量填高；当混凝土浇筑至与进入孔齐平时，撤出仓内人员，封闭进入孔，增大混凝土坍落度（达 14~16 cm），并加快泵送速度，直至通气管开始漏浆或压入混凝土超过预计量时止，停止压送混凝土后，拆除尾管上包住预留孔眼的铁箍，从孔眼中插入钢筋，防止混凝土下落，并拆除尾管。待顶拱混凝土凝固后，将外伸的尾管割除，用灰浆抹平。

（三）隧洞灌浆

隧洞灌浆有回填灌浆和固结灌浆。前者的作用是填塞围岩与衬砌间空隙，因此只限于拱顶一定范围内；后者的作用是加固围岩，提高围岩的整体性和强度，因此，其范围包括断面四周的围岩。

灌浆孔可在衬砌时预留，孔径为 38~50 mm。灌浆孔沿洞轴线 2~4 m 布置一排，各排孔位交叉排列。同时还需布置一定数量的检查孔，用以检查灌浆质量。

水工隧洞灌浆应按先回填后固结的顺序进行，回填灌浆应在衬砌混凝土达到 70% 设计强度后尽早进行。回填灌浆结束 7d 后再进行固结灌浆。灌浆前应对灌浆孔进行冲洗，冲洗压力不宜大于本段灌浆压力的 80%。回填灌浆须按分序加密原则进行，固结灌浆应遵循环间分序、环内加密的原则进行，灌浆压力、浆液浓度、升压顺序和结束灌浆标准，应符合设计要求。

二、任务实施

1. 分析工程基本资料。

2. 施工准备工作。

3. 主要工作。完成基础资料分析，确定工作人员，确定施工工序、混凝土衬砌的施工方案（总体施工方案、底板及边墙下部施工方案、洞室边顶拱施工方案）、混凝土的配合比，编制机械检修和维护、钢筋制作和安装、衬砌施工质量监督的工作方案。

第四章 我国水利工程管理的地位和作用

第一节 我国水利工程和水利工程管理的地位

水利工程是指在江河、湖泊和地下水源上开发、利用、控制、调配和保护水资源的各类工程。人类社会为了生存和可持续发展的需要，采取各种措施，适应、保护、调配和改变自然界的水和水域，以求在与自然和谐共处、维护生态环境的前提下，合理开发利用水资源，防治洪、涝、干旱、污染等各种灾害。为达到这些目的而修建的工程称为水利工程。在人类的文明史上，四大古代文明都发祥于著名的河流，如古埃及文明诞生于尼罗河畔，中华文明诞生于黄河、长江流域。因此丰富的水力资源不仅滋养了人类最初的农业，而且孕育了世界的文明。水利是农业的命脉，人类的农业史，也可以说是发展农田水利、克服旱涝灾害的战天斗地史。

人类社会自从进入 21 世纪后，社会生产规模日益扩大，对能源需求量越来越大，而现有的能源又是有限的。人类渴望获得更多的清洁能源，补充现在能源的不足，同时加上洪水灾害一直威胁着人类的生命财产安全，人类在积极治理洪水的同时又努力利用水能源。水利工程既满足了人类治理洪水的愿望，又满足了人类的能源需求。水利工程按服务对象或目的可分为以下几种：将水能转化为电能的水力发电工程；为防止、控制洪水灾害的防洪工程；防止水质污染和水土流失，维护生态平衡的环境水利工程和水土保持工程；防止旱、渍、涝灾害而服务于农业生产的农田水利工程，即排水工程、灌溉工程；为工业和生活用水服务，排除、处理污水和雨水的城镇供、排水工程；改善和创建航运条件的港口、航道工程；增进、保护渔业生产的渔业水利工程；满足交通运输需要、工农业生产的海涂围垦工程等。一项水利工程同时为发电、防洪、航运、灌溉等多种目标服务的水利工程，称为综合水利工程。我国正处在社会主义现代化建设的重要时期，为满足社会生产的能源需求及保证人民生命财产安全的需要，我国已进入大规模的水利工程开发阶段。水利工程给人类带来了巨大的经济、政治、文化效益。它具备防洪、发电、航运功能，对促进相关区域的社会、经济发展具有战略意义。水利工程引起的移民搬迁，促进了各民族间的经济、文化交流，有利于社会稳定。水利工程是文化的载体，大型水利工程所形成的共同的行为规则，促进了工程文化的发展，人类在治水过程中形成的哲学思想指导着水利工程实践。长期以来，繁重的水利工程任务也对我国科学的水利工程管理产生了巨大影响。

一、我国水利工程在国民经济和社会发展中的地位

我国是水利大国，水利工程是抵御洪涝灾害、保障水资源供给和改善水环境的基础建设工程，在国民经济中占有非常重要的地位。水利工程在防洪减灾、粮食安全、供水安全、生态建设等方面起到了很重要的保障作用，其公益性、基础性、战略性毋庸置疑。2011年中央一号文件中提到“水利设施薄弱仍然是国家基础设施的明显短板”，并明确指出要“推动水利实现跨越式发展”。2011年中央水利工作会议上，胡锦涛同志指出：“坚持政府主导，充分发挥公共财政对水利发展的保障作用，大幅度增加水利建设投资。”2014年李克强总理在十二届全国人大二次会议上所作的政府工作报告中指出：“国家集中力量建设一批重大水利工程，今年拟安排中央预算内水利投资700多亿元，支持引水调水、骨干水源、江河湖泊治理、高效节水灌溉等重点项目。各地要加强中小型水利项目建设，解决好用水‘最后一公里’问题。”因而水利工程在促进经济发展，保持社会稳定，保障供水和粮食安全，提高人民生活水平，改善人居环境和生态环境等方面具有极其重要的作用。

我国向来重视水利工程的建设，治水历史源远流长，一部中华文明史也就是中国人民的治水史。古人云：“治国先治水，有土才有邦。”水利的发展直接影响到国家的发展，治水是个历史性难题。历史上著名的治水英雄有大禹、李冰、王景等。他们的治水思想都闪耀着中国古人的智慧光华，在治水方面取得了卓越的成绩。人类进入21世纪，科学技术日新月异，为了根治水患，各种水利工程也相继开建。特别是近十年来水利工程投资规模逐年加大，各地众多大型水利工程陆续上马，初步形成了防洪、排错、灌溉、供水、发电等工程体系。由此可见，水利工程是支持国民经济发展的基础，其对国民经济发展的支撑能力主要表现为满足国民经济发展的资源性水需求，提供生产、生活用水，提供水资源相关的经济活动基础，如航运、养殖等，同时为国民经济发展提供环境性用水需求，发挥净化污水、容纳污染物、缓冲污染物对生态环境冲击等作用。如以商品和服务划分，则水利工程为国民经济发展提供了经济商品、生态服务和环境服务等。中华人民共和国成立以来，大规模水利工程建设取得了良好的社会效益和经济效益，水利事业的发展为经济发展和人民安居乐业提供了基本保障。

长期以来，洪水灾害是世界上许多国家都发生的严重自然灾害之一，也是中华民族的心腹之患。由于中国水文条件复杂，水资源时空分布不均，与生产力布局不相匹配。独特的国情水情决定了中国社会发展对科学的水利工程管理的需求，包括防治水

旱灾害的任务需求，中国是世界上水旱灾害最为频发且威胁最大的国家，水旱灾害几千年来始终是中华民族生存和发展的心腹之患；中华人民共和国成立后，国家投入大量人力、物力和财力对七大流域和各主要江河进行大规模治理。由于人类活动的长期影响，气候变化异常，水旱灾害交替发生，并呈现愈演愈烈的趋势。长期干旱，土地沙漠化现象日益严重，更加剧了干旱的形势。而中国又拥有世界上最多的人口，支撑的人口经济规模特别巨大，是世界第二大经济体，中国过去 30 年创造了世界最快经济增长纪录，面临的生态压力巨大，中国生态环境状况整体脆弱，庞大的人口规模和高速经济增长导致生态环境系统持续恶化。随着人口的增长和城市化的快速发展，干旱造成的用水缺口将会不断增大，干旱风险及损失亦将持续上升。而水利工程在防洪减灾方面，随着经济社会的快速发展，水利建设进程加快，以三峡工程、南水北调工程为标志，一大批关系国计民生和经济发展的重点水利工程相继开工建设。我国已初步形成了大江大河大湖的防洪排错工程体系，有效地控制了常遇洪水，抗御了大洪水和特大洪水，减轻了洪涝灾害损失，特别是确保黄河的岁岁安澜。总的来看，七大江河现有的防洪工程对占全国的 1/3 的人口、1/4 的耕地，包括京、津、沪在内的许多重要城市，以及国家重要的铁路、公路干线都起到了安全保障作用。在支撑经济社会发展方面，大量蓄水、引水、提水工程有效提升了我国水资源的调控能力和城乡供水保障能力。1949 年到 2014 年，全国总供水量有显著增加。供水工程建设为国民经济发展、工农业生产、人民生活提供了必要的供水保障条件，发挥了重要的支撑作用。农村饮水安全人口、全国水电总装机容量、水电年发电量均有显著增加。因水利工程的建设以及科学的水利工程管理作用，全国水土流失综合治理面积也日益增加。

“十一五”期间，全国净增灌溉面积 5600 多万亩，改善灌溉面积 1.9 亿亩，新增节水能力 189 亿立方米。灌溉工程为农业发展特别是粮食稳产、高产创造了有利的前提条件，奠定了农业长期稳步发展的基础，巩固了农业在国民经济发展中的基础地位。在扶贫方面，大多数水利工程，特别是大型水利枢纽的建设地点多选在高山峡谷、人烟稀少地区，水利枢纽的建设大大加速了地区经济和社会的发展进程，甚至会出现跨越式发展。另外，我国的小水电建设还解决了山区缺电问题，不仅促进了农村乡镇企业发展和产业结构调整，还加快了老少边穷地区农牧民脱贫致富。在保护生态环境方面，水利建设为改善环境做出了积极贡献，其中水土保持和小流域综合治理改善了生态环境，水力发电的发展减少了环境污染，为改善大气环境做出了贡献，农村小水电不仅解决了能源问题，还为实施封山育林、恢复植被等创造了条件，另外污水处理与回用、河湖保护与治理也有效地保护了生态环境。

水利工程之所以能够发挥如此重要的作用，与科学的水利工程管理密不可分。由此可见，水利工程管理在我国国民经济和社会发展中占据十分重要的地位。

二、我国水利工程管理在工程管理中的地位

工程管理是指为实现预期目标，有效地利用资源，对工程所进行的决策、计划、组织、指挥、协调与控制，是对具有技术成分的活动进行计划、组织、资源分配以及指导和控制的科学和艺术。工程管理的对象和目标是工程，是指专业人员运用科学原理对自然资源进行改造的一系列过程，可为人类活动创造更多便利条件。工程建设需要应用物理、数学、生物等基础学科知识，并在生产生活实践中不断总结经验。水利工程管理作为工程管理理论和方法论体系中的重要组成部分，既有与一般专业工程管理相同的共性，又有与其他专业工程管理不同的特殊性，其工程的公益性（兼有经营性、安全性、生态性等特征），使水利工程管理在工程管理体系中占有独特的地位。水利工程管理又是生态管理、低碳管理和循环经济管理，是建设“两型”社会的必要手段，可以作为我国工程管理的重点和示范，对于我国转变经济发展方式、走可持续发展道路和建设创新型国家的影响深远。

水利工程管理是水利工程的生命线，贯穿于项目的始末，包含着对水利工程质量、安全、经济、适用、美观、实用等方面的科学、合理的管理，以充分发挥工程作用、提高使用效益。由于水利工程项目规模过大，施工条件比较艰难、涉及环节较多、服务范围较广、影响因素复杂、组成部分较多、功能系统较全，所以技术水平有待提高，在设计规划、地形勘测、现场管理、施工建筑阶段难免出现问题或纰漏。另外，由于水利设备长期处于水中作业，受到外界压力、腐蚀、渗透、融冻等各方面影响，经过长时间的运作磨损速度较快，因此需要通过管理进行完善、修整、调试，以更好地进行工作，确保国家和人民生命与财产的安全、社会的进步与安定、经济的发展与繁荣，因此水利工程管理具有重要性和责任性。

第二节　我国水利工程管理对国民经济发展的推动作用

大规模水利工程建设可以取得良好的社会效益和经济效益，为经济发展和人民安居乐业提供基本保障，为国民经济健康发展提供有力支撑，水利工程是国民经济的基础性产业。大型水利工程是具有综合功能的工程，它具有巨大的防洪、发电、航运功能和一定的旅游、水产、引水和排涝等效益。它的建设对我国的华中、华东、西南三大地区的经济发展，促进相关区域的经济社会发展，具有重要的战略意义，对我国经济发展可产生深远的影响。大型水利工程将促进沿途城镇的合理布局与调整，使沿江原有城市规模扩大，促进新城镇的建立和发展、农村人口向城镇转移，使城镇人口上升，

加快城镇化建设的进程。同时，科学的水利工程管理也与农业发展密切相关。而农业是国民经济的基础，建立起稳固的农业基础，首先要着力改善农业生产条件，促进农业发展。水利是农业的命脉，重点建设农田水利工程，优先发展农田灌溉是必然的选择。正是新中国成立之后的大规模农田水利建设，为我国粮食产量超过万亿斤，实现“十连增”奠定了基础。农田水利还为国家粮食安全保障做出了巨大贡献，巩固了农业在国民经济中的基础地位，从而保证国民经济能够长期持续地健康发展以及社会的稳定和进步。经济发展和人民生活的改善都离不开水，水利工程为城乡经济发展、人民生活改善提供了必要的保障条件。科学的水利工程管理又为水利工程的完备建设提供了保障。我国水利工程管理对国民经济发展的推动作用主要体现在如下两方面。

一、对转变经济发展方式和可持续发展的推动作用

可持续发展观是相对于传统发展观而提出的一种新的发展观。传统发展观以工业化程度来衡量经济社会的发展水平。自 18 世纪初工业革命开始以来，在长达 200 多年的受人称道的工业文明时代，借助科学技术革命的力量，大规模地开发自然资源，创造了巨大的物质财富和现代物质文明，同时也使全球生态环境和自然资源遭到了最严重的破坏。显然，工业文明相对于小生产的“农业文明”而言，是一个巨大飞跃。但它给人类社会与大自然带来了巨大的灾难和不可估量的负效应，带来了生态环境严重破坏、自然资源日益枯竭、自然灾害泛滥、人与人的关系严重异化、人的本性丧失等。“人口爆炸、资源短缺、环境恶化、生态失衡”已成为困扰全人类的四大显性危机。面对传统发展观支配下的工业文明带来的巨大负效应和威胁，自 20 世纪 30 年代以来，世界各国的科学家们开始不断地发出警告，理论界苦苦求索，人类终于领悟了一种新的发展观——可持续发展观。

从水资源与社会、经济、环境的关系来看，水资源不仅是人类生存不可替代的一种宝贵资源，而且是经济发展不可缺少的一种物质基础，也是生态与环境维持正常状态的基础条件。因此，可持续发展，也就是要求社会、经济、资源、环境的协调发展。然而，随着人口的不断增长和社会经济的迅速发展，用水量也在不断增加，水资源的有限与社会经济发展、水与生态保护的矛盾愈来愈突出，例如出现的水资源短缺、水质恶化等问题。如果再按目前的趋势发展下去，水问题将更加突出，甚至对人类的威胁是灾难性的。

水利工程是我国全面建成小康社会和基本实现现代化宏伟战略目标的命脉、基础和安全保障。在传统的水利工程模式下，单纯依靠兴修工程防御洪水、依靠增加供水满足国民经济发展对于水的需求，这种通过消耗资源换取增长、牺牲环境谋取发展的方式，是一种粗放、扩张、外延型的增长方式。这种增长方式在支撑国民经济快速发

展的同时，也付出了资源枯竭、环境污染、生态破坏的沉重代价，因而是不可持续的。

面对新的形势和任务，科学的水利工程管理利于制定合理规范的水资源利用方式。科学的水利工程管理有利于我国经济发展方式从粗放、扩张、外延型转变为集约、内涵型。且我国水利工程管理有利于开源节流、全面推进节水型社会建设，调节不合理需求，提高用水效率和效益，进而保障水资源的可持续利用与国民经济的可持续发展。再者其以提高水资源产出效率为目标，降低万元工业增加值用水量，提高工业水重复利用率，发展循环经济，为现代产业提供支撑。

当前，水资源供需矛盾突出仍然是可持续发展的主要瓶颈。马克思和恩格斯把人类的需要分成生存、享受和发展三个层次，从水利发展的需求角度就对应着安全性、经济性和舒适性三个层次。从世界范围的近现代治水实践来看，在水利事业发展面临的“两对矛盾”之中，通常优先处理水利发展与经济社会发展需求之间的矛盾。水利发展大体上可以由防灾减灾、水资源利用、水系景观整治、水资源保护和水生态修复五方面内容组成。以上五个方面中，前三个方面主要是处理水利发展与经济社会系统之间的关系。后两个方面主要是处理水利发展与生态环境系统之间的关系。各种水利发展事项属于不同类别的需求。防灾减灾、饮水安全、灌溉用水等，主要是“安全性需求”；生产供水、水电、水运等，主要是“经济性需求”；水系景观、水休闲娱乐、高品质用水，主要是“舒适性需求”；水环境保护和水生态修复，则安全性需求和舒适性需求兼而有之，这是由生态环境系统的基础性特征决定的，比如，水源地保护和供水水质达标主要属于“安全性需求”，而更高的饮水水质标准如纯净水和直饮水的需求，则属于“舒适性需求”。水利发展需求的各个层次，在很大程度上决定了水利发展供给的内容。无论是防洪安全、供水安全、水环境安全，还是景观整治、生态修复，这些都具有很强的公益性，均应纳入公共服务的范畴。这决定了水利发展供给主要提供的是公共服务，水利发展的本质是不断提升水利的公共服务能力。根据需求差异，公共服务可分为基础公共服务和发展公共服务。基础公共服务主要是满足“安全性”的生存需求，为社会公众提供从事生产、生活、发展和娱乐等活动都需要的基础性服务，如提供防洪抗旱、除涝、灌溉等基础设施；发展公共服务是为满足社会发展需要所提供的各类服务，如城市供水、水力发电、城市景观建设等，更强调满足经济发展的需求及公众对舒适性的需求。一个社会存在各种各样的需求，水利发展需求也在其中。在经济社会发展的不同水平，水利发展需求在社会各种需求中的相对重要性在不断发生变化。随着经济的发展，水资源供需矛盾也日益突出。在水资源紧缺的同时，用水浪费严重，水资源利用效率较低。全国工业万元产值用水量 91 立方米，是发达国家的 10 倍以上，水的重复利用率仅为 40%，而发达国家已达 75%~85%；农业灌溉用水有效利用系数只有 0.4 左右，而发达国家为 0.7~0.8；我国城市生活用水浪费也很严重，仅供水管网跑冒滴漏损失就达 20%，家庭用水浪费现象也十分普遍。当前，解决水资源供需矛盾，必然需要依靠水利工程，而科学的水利工程管理是可持续发展的推动力。

二、对提高农业生产和农民生活水平的促进作用

水利工程管理是促进农业生产发展、提高农业综合生产能力的基本条件。农业是第一产业，民以食为天，农村生产的发展首先是以粮食为中心的农业综合生产能力的发展，而农业综合生产能力提升的关键在于农业水利工程的建设和管理，在一些地区农业水利工程管理十分落后，重建设轻管理，已经成为农业发展的瓶颈。另外，加强农业水利工程管理有利于提高农民生活水平与质量。社会主义新农村建设的一个十分重要的目标就是增加农民收入，提高农民生活水平，而加强农村水利工程等基础设施建设和管理成为基本条件。如可以通过农村饮水工程保障农民饮水安全，通过供水工程的有效管理，可以带动农村环境卫生和个人条件的改善，降低各种流行疾病的发病率。

水利工程在国民经济发展中具有极其重要的作用，科学的水利工程管理会带动很多相关产业的发展。如农业灌溉、养殖、航运、发电等。水利工程使人类生生不息，且促进了社会文明的前进。从一定程度上讲，水利工程推动了现代产业的发展，若缺失了水利工程，也许社会就会停滞不前，人类的文明也将受到挑战。而科学的水利工程管理可推动各产业的发展。

科学的水利工程管理可推动农业的发展。"有收无收在于水、收多收少在于肥"的农谚道出了水利工程对粮食和农业生产的重要性。我国农业用水方式粗放，耕地缺少基本灌溉条件，现有灌区普遍存在标准低、配套差、老化失修等问题，严重影响了农业稳定发展和国家粮食安全。近年来水利建设在保障和改善民生方面取得了重大进展，一些与人民群众生产生活密切相关的水利问题尤其是农村水利发展的问题与农民的生活息息相关。而完备的水利工程建设离不开科学的水利工程管理。首先，科学的水利工程管理，有利于解决灌溉问题，消除旱情灾害。农业生产主要追求粮食产量，以种植水稻、小麦、油菜为主，但是这些作物如果在没有水或者在水资源比较缺乏的情况下会极大地影响它们的产量，比如遇到大旱之年，农作物连命都保不住，哪还来的产量，可以说是颗粒无收，这样农民白白辛苦了一年的劳作将毁于一旦，收入更无从提起，农民本来就是以种庄稼为主，如今庄稼没了，这会给农民的经济带来巨大的损失，因此加强农田水利工程建设可以满足粮食作物的生长需要，解决了灌溉问题，消除了灾情的灾害，给农民也带来了可观的收益。其次，科学的水利工程管理有利于节约农田用水，减少农田灌溉用水损失。

在大涝之年农田通水不缺少的情况下，可以利用水利工程建设将多余的水积攒起

来，以便日后需要时使用。另外，蔬菜、瓜果、苗木实施节水灌溉是促进农业结构调整的必要保障。加大农业节水力度、减少灌溉用水损失，有利于解决农业面的污染，有利于转变农业生产方式，有利于提高农业生产力。这就大大减少了水资源不必要的浪费，起到了节约农田用水的目的。最后，科学的水利工程管理有利于减少农田的水土流失。大涝天气会引起农田水土流失，影响农村生态环境。当发生大涝灾害时，水土资源会受到极大的影响，肥沃的土地肥料会因洪涝的发生而减少，丰富的土质结构也会遭到破坏，农作物产量亦会随之减少。而科学的水利工程管理，促进渠道兴修，引水入海，利于减少农田水土流失。

三、对其他各产业发展的推动作用

水利工程建设和管理有效地带动和促进了其他产业如建材、冶金、机械、燃油等的发展，增加了就业的机会。据估算，万元水利投入可创造约 1.0~1.2 人 / 年的就业机会，五年共创造 1650 万 ~2000 万就业岗位。由于受保护区抗洪能力明显提升，人民群众生产生活的安全感和积极性大大增强，工农业生产成本大幅度降低，直接提高经济效益和人均收入，为当地招商引资和扩大再生产提供重要支撑，促进了工农业生产加速发展。根据 2005 年水利部重大科技项目《水利与国民经济协调发展研究》的分析，单位水利基建投资形成的国民财富和 CDP 直接收益是 3.108 元（前向效应），而为水利建设提供原材料和劳务输入部门获得的收益是 0.497 元（后向效应），合计为 3.605 元。即每投入水利基建 1 元，即可产生 3.6 元的国民财富，对 GDP 的拉动为 1.9 元。水利的前向效应远大于后向效应，表明水利投资对国民经济贡献大，水利应作为国家投资的重点。前向效应的大小顺序是防洪、供水、水电、灌溉、水土保持。如 1999 年水利投入占用产出和水利基建投资对就业的总效应和净效应分析表明，水利建设对建筑业每亿元总产出直接劳动力数为 2590 人，间接就业效应则要更大，就业总效应为 12.12 万人 / 亿元，远高于建材、冶金和机械等基础产业。

科学的水利工程管理可推动水产养殖业的发展。首先，科学的水利工程管理有利于改良农田水质。水产养殖受水质的影响很大，近年来，水污染带来的水环境恶化、水质破坏问题日益严重，水产养殖受此影响很大。而随着水产养殖业的发展，水源水质的标准要求也随之更加严格。当水源污染、水质破坏发生时，水产养殖业的发展就会受到影响。而科学的水利工程管理，有利于改良农田水质，促进水产养殖业的发展。其次，科学的水利工程管理有利于扩大鱼类及水生物生长环境，为渔业发展提供有利条件。如三峡工程建坝后，库区改变原来滩多急流型河道的生态环境，水面较天然河道增加近两倍，上游有机物质、营养盐将有部分滞留库区，库水湿度变肥、变清，有利于饵料生物和鱼类繁殖生长。冬季下游流量增大，鱼类越冬条件将有所改善。这些条件的改善，均利于推动水产养殖业的发展。

科学的水利工程管理可推动航运的发展。以三峡工程为例，据预测，川江下水运量到2030年将达到5000万吨。目前川江通过能力仅约1000万吨，主要原因是川江航道坡陡流急，在重庆至宜昌660公里航道上，落差120米，共有主要碍航滩险139处，单行控制段46处。三峡工程修建后，航运条件明显改善，万吨级船队可直达重庆，运输成本可降低35%~37%。不修建三峡工程，虽可采取航道整治辅以出川铁路分流，满足5000万吨出川运量的要求，但工程量很大，且无法改善川江坡陡流急的现状，万吨级船队不能直达重庆，运输成本也难以大幅度降低。而三峡水利工程的修建，推动了三峡附近区域的航运发展。而欲使三峡工程尽最大可能发挥其航运作用，需对其予以科学的管理。故而科学的水利工程管理可推动航运的发展。

科学的水利工程管理还可为旅游业发展起到推动作用。水利工程的建设推动了各地沿河各种水景区景点的开发建设，科学的水利工程管理有助于水利工程旅游业的发展。水利工程旅游业的发展既可以发掘各地沿河水资源的潜在效益，带动沿线地方经济的发展，促进经济结构、产业结构的调整，也可以促进水生态环境的改善，美化净化城市环境，提高人民生活质量，并提高居民收入。由于水利工程旅游业涉及交通运输、住宿餐饮、导游等众多行业，依托水利工程旅游，可提高地方整体经济水平，并增加就业机会，甚至吸引更多劳动人口，进而推动旅游服务业的发展，提高居民的收入水平和生活标准。

科学的水利工程管理也有助于优化电能利用。科学的水利工程管理可促进水电资源的利用。据不完全统计，我国水电资源的使用率已从20世纪80年代的不足5%攀升到30%以上。现在，水电工程已成为维持整个国家电力需求正常供应的重要来源。而科学的水利工程管理有助于对水利电能的合理开发与利用。

第三节　我国水利工程管理对社会发展的推动作用

随着工业化和城镇化的不断发展，科学的水利工程管理有利于增强防灾减灾能力，强化水资源节约保护工作，扭转听天由命的水资源利用局面，进而推动社会的发展。

一、对社会稳定的作用

水利工程管理有利于构建科学的防洪体系，而科学的防洪体系可减轻洪水的灾害，保障人民生命财产安全和社会稳定。全国主要江河初步形成了以堤防、河道整治、水库、蓄滞洪区等为主的工程防洪体系，在抗御历年发生的洪水中发挥了重要作用，有利于社会稳定。社会稳定首先涉及的是人与人、不同社会群体、不同社会组织之间的关系。这种关系的核心是利益关系，而利益关系与分配密切相关，利益分配是否合理，是社会稳定与否的关键。分配问题是个大问题。当前，中国的社会分配出现了很大的问题，分配不公和收入差距拉大已经成为不争的事实，是导致社会不稳定的基础性因素。而科学的水利工程管理，有利于水利工程的修建与维护，有利于提高水利工程沿岸居民的收入水平，有利于缩小贫富差距，改善分配不均的局面，进而有利于维护社会稳定。其次，科学的水利工程管理有助于构建社会稳定风险系统控制体系，从而将社会稳定风险降到最低，进而保障社会稳定。由于水利工程本来就是大型国家民生工程，其具有失事后果严重，损失大的特点，而水情又是难以控制的，一般水利工程都是根据百年一遇的洪水设计，而无法排除会遇到更大设计流量的洪水。当更大流量洪水发生时，所造成的损失必然是巨大的，也必然会引发社会稳定问题，而科学的水利工程管理可将损失降到最小。同时水利工程的修建可能会造成大量移民，而这部分背井离乡的人是否能得到妥善安置也与社会稳定与否息息相关，此时必然得依靠科学的水利工程管理。

大型水利工程的移民促进了汉族与少数民族之间的经济、文化交流，促进了内地和西部少数民族的平等、团结、互助、合作、共同繁荣的谁也离不开谁的新型民族关系的形成。工程是文化的载体。而水利工程文化是其共同体在工程活动中所表现或体现出来的各种文化形态的集结或集合。水利工程在工程活动中则会形成共同的风格、共同的语言、共同的办事方法及其存在着共同的行为规则。作为规则，水利工程活动则包含着决策程序、审美取向、验收标准、环境和谐目标、建造目标、施工程序、操作守则、生产条例、劳动纪律等，这些规则促进了水利工程文化的发展，哲学家将其上升为哲理指导人们水利工程活动。李冰在修建都江堰水利工程的同时也修建了中华民族治水文化的丰碑，是中华民族治水哲学的升华。都江堰水利工程是一部水利工程科学全书：它包含系统工程学、流体力学、生态学，体现了尊重自然、顺应自然并把握其规律的哲学理念。它留下的“治水”三字经、八字真言如:“深淘滩、低作堰”“遇弯截角、逢正抽心”，至今仍是水利工程活动的主导哲学思想，其哲学思想促进了民族同胞的交流，促进民族大团结。再者，水利工程能发挥综合的经济效益，给社会经济的发展提供强大的清洁能源支持，为养殖、旅游、灌溉、防洪等提供条件，从而提高相关区域居民的物质生活条件，促进社会稳定。概括起来，水利工程管理对社会稳定的作用主要可以概括为：

第一，水利工程管理为社会提供了安全保障。水利工程最初的一个作用就是可以进行防洪，减少水患的发生。依据以往的资料记载，我国的洪水主要是发生在长江、黄河、松花江、珠江以及淮河等河流的中下游平原地区，水患的发生不仅仅影响到了社会经济的健康发展，同时对人民群众的安全也会造成一定的影响。通过在河流的上游进行水库的兴建，在河流的下游扩大排洪，这些河流的防洪能力得到了很好的提升。随着经济社会的快速发展，水利建设进程加快，以三峡工程、南水北调工程为标志，一大批关系国计民生的重点水利工程相继进入建设、使用和管理阶段。当前，我国已初步形成大江大河大湖的防洪排错工程体系，有效地控制了常遇洪水，抗御了大洪水和特大洪水，减轻了洪涝灾害损失，特别是确保黄河的岁岁安澜。总的来看，七大江河现有的防洪工程对占全国 1/3 的人口，1/4 的耕地，包括京、津、沪在内的许多重要城市，以及国家重要的铁路、公路干线都起到了安全保障作用。

第二，水利工程管理有助于促进农业生产。水利工程对农业有着直接的影响，通过兴修水利，可以使农田得到灌溉，农业生产的效率得到提高，促进农民丰产增收。灌溉工程为农业发展特别是粮食稳产、高产创造了有利的前提条件，奠定了农业长期稳步发展的基础，巩固了农业在国民经济发展中的基础地位。根据《大型灌区续建配套和节水改造“十二五”规划》，到 2015 年，我国可完成 190 处大型、800 处重点中型灌区的续建配套与节水改造任务，启动实施 1500 处一般中型灌区节水改造。同时，在水土资源条件好、粮食增产潜力大的地区，科学规划，新建一批灌区，作为国家粮食后备产区，确保“十二五”期间净增农田有效灌溉面积 4000 万亩。虽然我国人口众多，但是水利工程的兴建与管理使得土地灌溉的面积大大地增加，这使得全国人民的基本口粮得到了满足，为解决 13 亿人口的穿衣吃饭问题立下了不可代替的功劳。

第三，水利工程管理有助于提高城乡人民生产生活水平。大量蓄水、引水、提水工程有效提升了我国水资源的调控能力和城乡供水保障能力。1949 年到 2012 年，全国总供水量从 1031 亿立方米增加到 6131.2 亿立方米。水利工程管理向城乡提供清洁的水源，有效地推动了社会经济的健康发展，保障了人民群众的生活质量，也在一定程度上促进了经济和社会的健康发展。如兴凯湖饮水工程竣工之后，为黑龙江省鸡西市直接供水，解决了几百万人口的饮水问题，也为鸡西市的经济发展和创建旅游城市奠定了很好的基础。另外，在扶贫方面，大多数水利工程，特别是大型水利枢纽的建设地点多数选在高山峡谷、人烟稀少的地区，水利枢纽的建设大大加速了地区经济和社会的发展进程，甚至会出现跨越式发展。我国的小水电建设还解决了山区缺电问题，不仅促进了农村乡镇企业发展和产业结构调整，还加快了老少边穷地区农牧民脱贫致富。

二、对和谐社会建设的推动作用

社会主义和谐社会是人类孜孜以求的一种美好社会，马克思主义政党不懈追求的一种社会理想。构建社会主义和谐社会，是我们党以马克思列宁主义、毛泽东思想、邓小平理论和“三个代表”重要思想为指导，全面贯彻落实科学发展观，从中国特色社会主义事业总体布局和全面建设小康社会全局出发提出的重大战略任务，反映了建设富强民主文明和谐的社会主义现代化国家的内在要求，体现了全党全国各族人民的共同愿望。人与自然的和谐关系是社会主义和谐社会的重要特征，人与水的关系是人与自然中最密切的关系。只有加强和谐社会建设，才能实现人水和谐，使人与自然和谐共处，促进水利工程建设可持续发展。水利工程发展与和谐社会建设具有十分密切的关系，水利工程发展是和谐社会建设的重要基础和有力支撑，有助于推动和谐社会建设。

水利工程活动与社会的发展紧密相连，和谐社会的构建离不开和谐的水利工程活动。树立当代水利工程观，增强其综合集成意识，有益于和谐社会的构建。从历史的视野来看，中西方文化对于人与自然的关系有着不同的理解。中国古代哲学主张人与自然和谐相处和“天人合一”，如都江堰水利工程则是“天人合一”的最高典范。自然是人类认识改造的对象，工程活动是人类改造自然的具体方式。传统的水利工程活动通常认为水利工程是改造自然的工具，人类可以向自然无限制地索取以满足人类的需要，这样就导致水利工程活动成为破坏人与自然关系的直接力量。在人类物质极其缺乏，科技不发达时期，人类为满足生存的需要，这种水利工程观有其合理性。随着社会发展，社会系统与自然系统相互作用不断增强，水利工程活动不但对自然界造成影响，而且会影响社会的运行发展。在水利工程活动过程中，会遇到各种不同的系统内外部客观规律的相互作用问题。如何处理它们之间的关系是水利工程研究的重要内容。因而，我们必须以当代和谐水利工程观为指导，树立水利工程综合集成意识，推动和谐社会的构建步伐。要使大型水利工程活动与和谐社会的要求相一致，就必须以当代水利工程观为指导协调社会规律、科学规律、生态规律，综合体现不同方面的要求，协调相互冲突的目标。摒弃传统的水利工程观念及其活动模式，探索当代水利工程观的问题，揭示大型水利工程与政治、经济、文化、社会、环境等相互作用的特点及其规律。在水利工程规划、设计、实施中，运用科学的水利工程管理，化冲突为和谐，为和谐社会的构建做出水利工程实践方面的贡献。

人与自然和谐相处是社会和谐的重要特征和基本保障，而水利是统筹人与自然和谐的关键。人与水的关系直接影响人与自然的关系，进而会影响人与人的关系、人与社会的关系。如果生态环境受到严重破坏、人民的生产生活环境恶化，如果资源能源供应高度紧张、经济发展与资源能源矛盾尖锐，人与人的和谐、人与社会的和谐就无法实现，建设和谐社会就无从谈起。科学的水利工程管理以可持续发展为目标，尊重自然、善待自然、保护自然，严格按自然经济规律办事，坚持防洪抗旱并举，兴利除害结合，开源节流并重，量水而行，以水定发展，在保护中开发，在开发中保护，按照优化开发、重点开发、限制开发和禁止开发的不同要求，明确不同河流或不同河段的功能定位，实行科学合理开发，强化生态保护。在约束水的同时，必须约束人的行为；在防止水对人的侵害的同时，更要防止人对水的侵害；在对水资源进行开发、利用、治理的同时，更加注重对水资源的配置、节约和保护；从无节制的开源趋利、以需定供转变为以供定需，由“高投入、高消耗、高排放、低效益”的粗放型增长方式向“低投入，低消耗、低排放、高效益”的集约型增长方式转变；由以往的经济增长为唯一目标，转变为经济增长与生态系统保护相协调，统筹考虑各种利弊得失，大力发展循环经济和清洁生产，优化经济结构，创新发展模式，节能降耗，保护环境；以水利工程管理手段进一步规范和调节与水相关的人与人、人与社会的关系，实行自律式发展。科学的水利工程管理利于科学治水，在防洪减灾方面，给河流以空间，给洪水以出路，建立完善工程和非工程体系，合理利用雨洪资源，尽力减少灾害损失，保持社会稳定；在应对水资源短缺方面，协调好生活、生产、生态用水，全面建设节水型社会，大力提高水资源利用效率；在水土保持，生态建设方面，加强预防、监督、治理和保护，充分发挥大自然的自我修复能力，改善生态环境；在水资源保护方面，加强对水功能区的管理，制定水源地保护监管的政策和标准，核定水域纳污能力和总量，严格排污权管理。依法限制排污，尽力保证人民群众饮水安全，进而推动和谐社会建设。概括起来，水利工程管理对和谐社会建设的作用可以概括如下：

第一，水利工程管理通过改变供电方式有利于经济、生态等多方面和谐发展。

水力发电已经成为我国电力系统十分重要的组成部分。新中国成立之后，一大批大中型的水利工程的建设为生产和生活提供了大量的电力资源，极大地方便了人民群众的生产生活，也在一定程度上改变了我国过度依赖火力发电的局面，这也有利于环境的改善。我国不管是水电装机的容量还是水利工程的发电量，都处在世界前列。特别是农村小水电的建设有力地推动了农村地区乡镇企业的发展，为进行农产品的深加工、进行农田灌溉等做出了巨大的贡献。三峡工程、小浪底水利工程、二滩水利工程等一大批有着世界影响力的水利枢纽工程的建设，预示着我国水力发电的建设已经进入一个十分重要的阶段。

第二，水利工程管理有助于保护生态环境，促进旅游等第三产业发展。

水利建设为改善环境做出了积极贡献，其中水土保持和小流域综合治理改善了生态环境，水力发电的发展减少了环境污染，为改善大气环境做出了贡献，农村小水电不仅解决了能源问题，还为实施封山育林、恢复植被等创造了条件，另外污水处理与回用、河湖保护与治理也有效地保护了生态环境。水利工程在建成之后，库区的风景区使得山色、瀑布、森林以及人文等紧密地融合在一起，呈现出一派山水林岛的和谐画面，是绝佳的旅游胜地。如：举世瞩目的三峡工程在建设之后，也成为一个十分著名的旅游景点，吸引了大量的游客前往参观，感受三峡工程的魅力，这在很大程度上促进了旅游收益的提高，增加了当地群众的经济收入。

第三，水利工程管理具有多种附加值，有利于推动航运等相关产业发展。

水利工程管理在对水利工程进行设计规划、建设施工、运营、养护等管理过程中，有助于发掘水利工程的其他附加值，如航运产业的快速发展。内河运输的一个十分重要的特点就是成本较低，通过进行水运可以增加运输量，降低运输的成本，满足交通发展需要的同时促进经济的快速发展。水利工程的兴建与管理使内河运输得到了发展，长江的“黄金水道”正是在水利工程的不断完善和兴建的基础之上得到发展和壮大的。

第四节　我国水利工程管理对生态文明的促进作用

生态文明是人类文明发展的一个新的阶段，即工业文明之后的文明形态；生态文明是人类遵循人、自然、社会和谐发展这一客观规律而取得的物质与精神成果的总和；生态文明是以人与自然，人与人，人与社会和谐共生、良性循环、全面发展、持续繁荣为基本宗旨的社会形态。它以尊重和维护生态环境为主旨，以可持续发展为根据，以未来人类的继续发展为着眼点。这种文明观强调人的自觉与自律，强调人与自然环境的相互依存、相互促进、共处共融。三百年的工业文明以人类征服自然为主要特征。世界工业化的发展使征服自然的文化达到极致；一系列全球性生态危机说明地球再没能力支持工业文明的继续发展。需要开创一个新的文明形态来延续人类的生存，这就是生态文明。如果说农业文明是黄色文明，工业文明是黑色文明，那生态文明就是绿色文明。生态，指生物之间以及生物与环境之间的相互关系与存在状态，亦即自然生态。自然生态有着自在自为的发展规律。人类社会改变了这种规律，把自然生态纳入到人类可以改造的范围之内，这就形成了文明。生态文明，是指人类遵循人、自然、社会和谐发展这一客观规律而取得的物质与精神成果的总和；是指人与自然，人与人，人与社会和谐共生、良性循环、全面发展、持续繁荣为基本宗旨的文化伦理形态。

生态文明是人类文明的一种形态，它以尊重和维护自然为前提，以人与人、人与自然、人与社会和谐共生为宗旨，以建立可持续的生产方式和消费方式为内涵，以引导人们走上持续、和谐的发展道路为着眼点。生态文明在刘惊铎的《生态体验论》中被定义为从自然生态、类生态和内生态三种系统思考和建构人类的生存方式。生态文明强调人的自觉与自律，强调人与自然环境的相互依存、相互促进、共处共融，既追求人与生态的和谐，也追求人与人的和谐，而且人与人的和谐是人与自然和谐的前提。可以说，生态文明是人类对传统文明形态特别是工业文明进行深刻反思的成果，是人类文明形态和文明发展理念、道路和模式的重大进步。

科学的水利工程管理可以转变传统的水利工程活动运转模式，使水利工程活动更加科学有序，同时促进生态文明建设。若没有科学的水利工程理念作指导，水利工程会对水生态系统造成某种胁迫，如水利工程会造成河流形态的均一化和不连续化，引起生物群落多样性水平下降。但科学合理的水利工程管理有助于减少这一现象的发生，尽量避免或减少水利工程所引起的一些后果。

若不考虑科学的水利工程管理，仅仅从水利工程出发，则势必会造成对生态的极大破坏。因为水利工程活动主要关注人对自然的改造与征服，忽视自然的自我恢复能力，忽略了过度地开发自然会造成自然对人类的报复，既不考虑水利工程对社会结构及变迁的影响，也不考虑社会对水利工程的促进与限制。且在水利工程的决策、运行与评估的过程中，只考虑人的社会活动规律与生态环境的外在约束条件，没将其视为水利工程活动的内在因素。但运用科学的水利工程管理，可形成科学的水利工程理念。此时水利工程考虑的不再仅仅是人对自然的征服改造，它是在科学发展观的基础上，协调人与自然的关系，工程活动既考虑当代人的需要又考虑到后代人的需求，是和谐的水利工程。运用科学水利工程管理理念的水利工程转变了传统水利工程的粗放发展方式。运用科学水利工程管理理念的水利工程活动是一种集约式的工程活动，与当代的经济发展模式相适应，其具备较完善的决策、实施、评估等相关系统。也会成为知识密集型、资源集约型的造物活动，具备更高的科技含量。再者，其在改造环境的同时保护环境，使生态环境能够可持续发展，将生态环境作为工程活动的外在约束条件，以生态因素作为水利工程的决策、运行、评估内在要素。

科学的水利工程管理对生态文明的促进作用主要体现在以下两方面。

一、对资源节约的促进作用

节约资源是保护生态环境的根本之策。节约资源意味着价值观念、生产方式、生活方式、行为方式、消费模式等多方面的变革，涉及各行各业，与每个企业、单位、家庭、个人都有关系，需要全民积极参与。必须利用各种方式在全社会广泛培育节约资源意识，大力倡导珍惜资源、节约资源风尚，明确确立和牢固树立节约资源理念，形成节约资源的社会共识和共同行动，全社会齐心合力共同建设资源节约型、环境友好型社会。资源是增加社会生产和改善居民生活的重要支撑，节约资源的目的并不是减少生产和降低居民消费水平，而是使生产相同数量的产品能够消耗更少的资源，或者用相同数量的资源能够生产更多的产品、创造更高的价值，使有限的资源能更好地满足人民群众物质文化生活需要。只有通过资源的高效利用，才能实现这个目标。因此，转变资源利用方式，推动资源高效利用，是节约利用资源的根本途径。要通过科技创新和技术进步深入挖掘资源利用效率，促进资源利用效率不断提高，真正实现资源高效利用，努力用最小的资源消耗支撑经济社会发展。科学的水利工程管理，有助于完善水资源管理制度，加强水源地保护和用水总量管理，加强用水总量控制和定额管理，制订和完善江河流域水量分配方案，推进水循环利用，建设节水型社会。

科学的水利工程管理，可以促进水资源的高效利用，减少资源消耗。我国经济社会快速发展和人民生活水平提高对水资源的需求与水资源时空分布不均以及水污染严重的矛盾，对建设资源节约型和环境友好型社会形成倒逼机制。人的命脉在田，在人口增长和耕地减少的情况下保障国家粮食安全对农田水利建设提出了更高的要求。水利工作需要正确处理经济社会发展和水资源的关系，全面考虑水的资源功能、环境功能和生态功能，对水资源进行合理开发、优化配置、全面节约和有效保护。水利工程面临的新问题需要有新的应对之策，而水利工程管理又是由问题倒逼而产生，同时又在不断解决问题中得以深化。

二、对环境保护的促进作用

从宇宙来看，地球是一个蔚蓝色的星球，地球的储水量是很丰富的，共有 14.5 亿立方千米之多，其 72% 的表面积覆盖水。但实际上，地球上 97.5% 的水是咸水，又咸又苦，不能饮用，不能灌溉，也很难在工业应用，能直接被人们生产和生活利用的，少得可怜，淡水仅有 2.5%。而在淡水中，将近 70% 冻结在南极和格陵兰的冰盖中，其余的大部分是土壤中的水分或是深层地下水，难以供人类开采使用。江河、湖泊、水库等来源的水较易于开采供人类直接使用，但其数量不足世界淡水的 1%，约占地球上全部水的 0.007%。全球淡水资源不仅短缺而且地区分布极不平衡。而我国又是一个干旱、缺水严重的国家。淡水资源总量为 28000 亿立方米，占全球水资源的 6%，仅为世界平均水平的 1/4、美国的 1/5，在世界上名列第 121 位，是全球 13 个人均水资源最贫乏的国家之一。扣除难以利用的洪水径流和散布在偏远地区的地下水资源后，中国现实可利用的淡水资源量则更少，仅为 11000 亿立方米左右，人均可利用水资源量约为 900 立方米，并且其分布极不均衡。到 20 世纪末，全国 600 多座城市中，已有 400 多个城市存在供水不足问题，其中缺水比较严重的城市达 110 个，全国城市缺水总量为 60 亿立方米。其中北京市的人均占有水量为全世界人均占有水量的 1/13，连一些干旱的阿拉伯国家都不如。更糟糕的是我国水体水质总体上呈恶化趋势。北方地区“有河皆干，有水皆污”，南方许多重要河流、湖泊污染严重。水环境恶化，严重影响了我国经济社会的可持续发展。而科学的水利工程管理可以促进淡水资源的科学利用，加强对水资源的保护，对环境保护起到促进性的作用。水利是现代化建设不可或缺的首要条件，是经济社会发展不可替代的基础支撑，当然也是生态环境改善不可分割的保障系统，其具有很强的公益性、基础性、战略性。

同时，科学的水利工程管理可以加快水力发电工程的建设，而水电又是一种清洁能源，水电的发展有助于减少污染物的排放，进而保护环境。水力发电相比于火力发电等传统发电模式在污染物排放方面有着得天独厚的优势，水力发电成本低，水力发电只是利用水流所携带的能量，无须再消耗其他动力资源，水力发电直接利用水能，几乎没有任何污染物排放。当前，大多数发达国家的水电开发率很高，有的国家甚至高达 90% 以上，而发展中国家的水电资源开发水平极低，一般在 10% 左右。中国水能资源开发也只达到百分之十几。水电是清洁、环保、可再生能源，可以减少污染物的排放，改善空气质量；还可以通过“以电代柴”有效保护山林资源，提高森林覆盖率并且保持水土。

一般情况下，地区性气候状况受大气环流所控制，但在修建大、中型水库及灌溉工程后，原先的陆地变成了水体或湿地，使局部地表空气变得较湿润，对局部小气候会产生一定的影响，主要表现在对降雨、气温、风和雾等气象因子的影响。而科学的水利工程管理就可对地区的气候施加影响，因时制宜，因地制宜，利于水土保持。而水土保持是生态建设的重要环节，也是资源开发和经济建设的基础工程，科学的水利工程管理，可以快速控制水土流失，提高水资源利用率，通过促进退耕还林还草及封禁保护，加快生态自我修复，实现生态环境的良性循环，改善生产、生活和交通条件，为开发创造良好的建设环境，对于环境保护具有重要的促进作用。

而大型水利工程通常既是一项具有巨大综合效益的水利枢纽工程，又是一项改造生态环境的工程。人工自然是人类为满足生存和发展需要而改造自然环境，建造的一些生态环境工程。例如，三峡工程有巨大的防洪效益，可以使荆江河段的防洪标准由十年一遇提高到百年一遇，即使遇到类似 1987 年的特大洪水，也可避免发生毁灭性灾害，这样就可以有效减免洪水灾害对长江中游富庶的江汉平原和洞庭湖区生态环境的严重破坏。最重要的是可以避免人口的大量伤亡，避免洪灾带来的饥荒、救灾赈济和灾民安置等一系列社会问题，可减免洪灾对人们心理上造成的威胁，减缓洞庭湖淤积速度，延长湖泊寿命，还可改善中下游枯水期的时间。三峡水电站每年发电 847 亿千瓦时，与火电相比，为国家节省大量原煤，可以有效地减轻对周围环境的污染，具有巨大的环境效益。每年可少排放上万吨二氧化碳，上百万吨二氧化硫，上万吨一氧化碳，37 万吨氨氧化合物，以及大量的废水、废渣；可减轻因有害气体的排放而引起酸雨的危害。三峡工程还可使长江中下游枯水季节的流量显著增大，有利于珍稀动物白鳍豚及其他鱼类安全越冬，减免因水浅而发生的意外死亡事故，还有利于减少长江口盐水上溯长度和入侵时间，减少上海市区人民吃“咸水”的时间，由此看来，三峡工程的生态环境效益是巨大的。水生态系统作为生态环境系统的重要部分，在物质循环、生物多样性、自然资源供给和气候调节等方面起到举足轻重的作用。

三、对农村生态环境改善的促进作用

促进生态文明是现代社会发展的基本诉求之一，建设社会主义新农村也要实现村容整洁，就必须加强农业水利工程建设，统筹考虑水资源利用、水土流失与污染等一系列问题及其防治措施，实现保护和改善农村生态环境的目的。水利工程管理是现代农业建设不可或缺的首要条件，是经济社会发展不可替代的基础支撑，是生态环境改善不可分割的保障系统，具有很强的公益性、基础性、战略性。加快水利工程发展，不仅事关农业农村发展，而且事关经济社会发展全局；不仅关系到防洪安全、供水安全、粮食安全，而且关系到经济安全、生态安全、国家安全。要把水利工程管理工作摆上党和国家事业发展更加突出的位置，着力加快农田水利工程建设和管理，推动水利工程管理实现跨越式发展。

水利工程管理对农村生态环境改善的促进作用可以具体归纳为以下几点：（1）解决旱涝灾害。水资源作为人类生存和发展的根本，具有不可替代的作用，但是对于我国而言，由于不同气候条件的影响，水资源的空间分布极不均匀，南方水资源丰富，在雨季常常出现洪涝灾害，而北方水资源相对不足，常见干旱，这两种情况都在很大程度上影响了农业生产的正常进行，影响着人们的日常生产和生活。而水利工程管理，可以有效解决我国水资源分布不均的问题，解决旱涝灾害，促进经济的持续健康发展，如南水北调工程，就是其中的代表性工程。（2）改善局部生态环境。在经济发展的带动下，人们的生活水平不断提高，人口数量不断增加，对于资源和能源的需求也在不断提高，现有的资源已经无法满足人们的生产和生活需求。而通过水利工程的兴建和有效管理，不仅可以有效消除旱涝灾害，还可以对局部区域的生态环境进行改善，增加空气湿度，促进植被生长，为经济的发展提供良好的环境支持。（3）优化水文环境。水利工程管理，能够对水污染情况进行及时有效的治理，对河流的水质进行优化。以黄河为例，由于上游黄土高原的土地沙化现象日益严重，河流在经过时，会携带大量的泥沙，产生泥沙的淤积和拥堵现象，而通过兴修水利工程，利用蓄水、排水等操作，可以大大加快下游的水流速度，对泥沙进行排泄，保证河道的畅通。

第五节 我国水利工程管理与工程科技发展的互相推动作用

工程科技与人类生存息息相关。温故而知新，回顾人类文明历史，人类生存与社会生产力发展水平密切相关，而社会生产力发展的一个重要源头就是工程科技。工程造福人类，科技创造未来。工程科技是改变世界的重要力量，它源于生活需要，又归于生活之中。历史证明，工程科技创新驱动着历史车轮飞速旋转，为人类文明进步提供了不竭的动力源泉，推动人类从蒙昧走向文明、从游牧文明走向农业文明、工业文明，走向信息化时代。新中国成立 60 多年特别是改革开放 30 多年来，中国经济社会快速发展，其中工程科技创新驱动功不可没。当今世界，科学技术作为第一生产力的作用愈益凸显，工程科技进步和创新对经济社会发展的主导作用更加突出。

一、水利工程管理对工程科技体系的影响和推动作用

古往今来，人类创造了无数令人惊叹的工程科技成果。古代工程科技创造的许多成果至今仍存在着，见证了人类文明编年史。如古埃及金字塔、古希腊帕提农神庙、古罗马斗兽场、印第安人太阳神庙、柬埔寨吴哥窟、印度泰姬陵等古代建筑奇迹，再如中国的造纸术、火药、印刷术、指南针等重大技术创造和万里长城、都江堰、京杭大运河等重大工程，都是当时人类文明形成的关键因素和重要标志，都对人类文明发展产生了重大影响，都对世界历史演进具有深远意义。中国是有着悠久历史的文明古国，中华民族是富有创新精神的民族。5000 年来，中国古代的工程科技是中华文明的重要组成部分，也为人类文明的进步做出了巨大贡献。

近代以来，工程科技更直接地把科学发现同产业发展联系在一起，成为经济社会发展的主要驱动力。每一次产业革命都同技术革命密不可分。18 世纪，蒸汽机引发了第一次产业革命，实现了从手工劳动向动力机器生产转变的重大飞跃，使人类进入了机械化时代。19 世纪末至 20 世纪上半叶，电机和化工引发了第二次产业革命，使人类进入了电气化、核能、航空航天时代，极大地提高了社会生产力和人类生活水平，缩小了国与国、地区与地区、人与人的空间和时间距离，地球变成了一个“村庄”。20 世纪下半叶，信息技术引发了第三次产业革命，使社会生产和消费从工业化向自动化、智能化转变，社会生产力再次大提高，劳动生产率再次大飞跃。工程科技的每一次重大突破，都会催发社会生产力的深刻变革，都会推动人类文明迈向新的更高的台阶。

中华人民共和国成立以来，中国大力推进工程科技发展，建立起独立的、比较完整的、有相当规模和较高技术水平的工业体系、农业体系、科学技术体系和国防体系，并取得了一系列伟大的工程科技成就，为国家安全、经济发展、社会进步和民生改善提供了重要支撑，实现了向工业化、现代化的跨越发展。特别是改革开放 30 多年来，中国经济社会快速发展，其中工程科技创新驱动功不可没。“两弹一星”、载人航天、探月工程等一批重大工程科技成就，大幅度提升了中国的综合国力和国际地位。而科学的水利工程管理更是催生了三峡工程、南水北调等一大批重大水利工程建设成功，大幅度提升了中国的基础工业、制造业、新兴产业等领域创新能力提高了创新水平水平，推动了完整工程科技体系的构建进程。同时推动了农业科技、人口健康、资源环境、公共、安全、防灾减灾等领域工程的科技发展，大幅度提高了 13 亿多中国人的生活水平和质量。

二、水利工程对专业科技发展的推动作用

工程科技已经成为经济增长的主要动力，推动基础工业、制造业、新兴产业高速发展，支撑了一系列国家重大工程建设。科学的水利工程管理可以推动专业科技的发展。如三峡水利工程就发挥了巨大的综合作用，其超临界发电、水力发电等技术已达到世界先进水平。改革开放后，我国经济社会发展取得了举世瞩目的成就，经济总量跃居世界第二，众多主要经济指标名列世界前茅。但我们必须清醒地看到，虽然我国经济规模很大，但依然大而不强，我国经济增速很快，但依然快而不优。主要依靠资源等要素投入推动经济增长和规模扩张的粗放型发展方式是不可持续的。中国的发展正处在关键的战略转折点，实现科学发展、转变经济发展方式刻不容缓。而这最根本的是要依靠科技力量，提升自主创新能力，实施创新驱动发展战略，把发展从依靠资源、投资、低成本等要素驱动转变到依靠科技进步和人力资源优势上来。而水利工程的特殊性决定了加强技术管理势在必行。水利工程的特殊性主要表现在两个方面，一方面水利工程是我国各项基础建设中最为重要的基础项目，其关系到农业灌溉、关系到社会生产正常用水、关系到整个社会的安定，如果不重视技术管理，极有可能埋下技术隐患，使得水利工程质量出现问题。另一方面，水利工程工程量大，施工中需要多个工种的协调作业，而且工期长，施工中容易受到各种自然和社会因素的制约。当然，水利工程技术要求较高，施工中会出现一些意想不到的技术难题，如果不做好充分的技术准备工作，极有可能导致施工的停滞。正是基于水利工程的这种特殊性，才可体现科学的水利工程管理的重要性，其可为水利工程施工的顺利进行和高质量的完工奠定基础。具体来说，水利工程管理对专业科技发展的推动作用如下：

水利工程安全管理信息系统。水利工程管理工作推动现场自动采集系统、远程传输系统的开发研制；中心站网络系统与综合数据库的建立及信息接收子系统、数据库管理子系统、安全评价子系统与信息服务子系统以及中央指挥站等的开发应用。

土石坝的养护与维修。土石坝所用材料是松散颗粒的，土粒间的连接强度低，抗剪能力弱，颗粒间孔隙较大，因此易受到渗流、冲刷、沉降、冰冻、地震等的影响。在运用过程中常常会因渗流而产生渗透破坏和蓄水的大量损失；因沉降导致坝顶高程不够和产生裂缝；因抗剪能力小、边坡不够平缓、渗流等而产生滑坡；因土粒间连接力小，抗冲能力低，在风浪、降雨等作用下而造成坝坡的冲蚀、侵蚀和护坡的破坏，所以也不允许坝顶过水；因气温的剧烈变化而引起坝体土料冻胀和干缩等。故要求土石坝有稳定的坝身、合理的防渗体和排水体、坚固的护坡及适当的坝顶构造，并在运用过程中加强监测和维护。土石坝的各种破坏都有一定的发展过程，针对可能出现病害的形势和部位，加强检查，如在病害发展初期能够及时发现，并采取措施进行处理

和养护，防止轻微缺陷的进一步扩展和各种不利因素对土石坝的过大损害，保证土石坝的安全，延长土石坝的使用年限。在检查中，经常会用到槽探、井探及注水检查法；甚低频电磁检查法（工作频率为15~35千赫，发射功率为20~1000千瓦）；同位素检查法（同位素示踪测速法、同位素稀释法和同位素示踪吸附法）。

混凝土坝及浆砌石坝的养护与维修。混凝土坝和浆砌石坝主要靠重力维持稳定，其抗滑稳定往往是坝体安全的关键，当地基存在软弱夹层或缺陷，在设计和施工中又未及时发现和妥善处理时，往往使坝体与地基抗滑稳定性不够，而成为最危险的病害。此外，温度变化、应力过大或不均匀沉陷，都可能使坝体产生裂缝，并沿裂缝产生渗漏。水利部于1999年颁布了有关混凝土坝养护修理规程。围绕混凝土建筑物修补加固设立了大量的科研课题，有关新材料、新工艺和新技术得到开发应用，取得了良好的效果。水下修补加固技术方面，水下不分散混凝土在众多工程中被成功应用，水下裂缝、伸缩缝修补成套技术已研制成功，水下高性能快速密封堵漏灌浆材料得到成功应用。大面积防渗补强新材料、新技术方面，聚合物水泥砂浆作为防渗、防腐、防冻材料得到大范围推广应用，喷射钢纤维混凝土大面积防渗取得成功，新型水泥基渗透结晶防水材料在水工混凝土的防渗修补中得到应用。

碾压混凝土及面板胶结堆石筑坝技术。对于碾压混凝土坝，涉及结构设计的改进、材料配比的研究、施工方法的改进、温控方法及施工质量控制。在水利工程管理中，需要做好面板胶结堆石坝，集料级配及掺入料配合比的试验；做好胶结堆石料的耐久性、坝体可能的破坏形态及安全准则、坝体及其材料的动力特性、高坝坝体变形特性及对上游防渗体系的影响分析。此外，水利工程抗震技术。地震反应及安全监测、震害调查、抗震设计以及抗震加固技术也不断得到应用。

堤防崩岸机理分析、预报及处理技术。水利工程管理需要对崩岸形成的地质资料及河流地质作用、崩岸变形破坏机理、崩岸稳定性、崩岸监测及预报技术、崩岸防治及施工技术、崩岸预警抢险应急技术及决策支持系统进行分析和研究。

深覆盖层堤坝地基渗流控制技术。水利工程管理需要完善防渗体系、防渗效果检测技术，分析超深、超薄防渗墙防渗机理，开发质优价廉的新型防渗：土工合成材料，开发适应大变形的高抗渗塑性混凝土。水利工程老化及病险问题分析技术。在水利管理中，水利工程老化病害机理、堤防隐患探测技术与关键设备、病险堤坝安全评价与除险加固决策系统、堤坝渗流控制和加固关键技术、长效减压技术、堤坝防渗加固技术、已有堤坝防渗加固技术的完善与规范化都在推动专业工程科技的不断发展。

高边坡技术。在水利工程管理中，高边坡技术包括高边坡工程力学模型破坏机理和岩石力学参数，高边坡研究中的岩石水力学，高边坡稳定分析及评价技术，高边坡加固技术及施工工艺，高边坡监测技术，以及高边坡反馈设计理论和方法。

新型材料及新型结构。水利新型材料涉及新型混凝土外加剂与掺和料、自排水模板、各种新型防护材料、各种水上和水下修补新材料、各种土工合成新材料，以及用于灌浆的超细水泥等。

水利工程监测技术。工程监测在我国水利工程管理中发挥着重要作用，已成为工程设计、施工、运行管理中不可缺少的组成部分。高精度、耐久、强抗干扰的小量程钢弦式孔隙水压力计，智能型分布式自动化监测系统，水利工程中的光导纤维监测技术，大型水利工程泄水建筑物长期动态观测及数据分析评价方法，网络技术在水利工程监测系统中的应用，大坝工作与安全性态评价专家系统，堤防安全监测技术，水利工程工情与水情自动监测系统，高坝及超高坝的关键技术：设计参数，强度、变形及稳定计算，高速及超高速水力学等。在水利工程管理过程中主要用到观测方法和仪器设备的研制生产、监测设计、监测设备的埋设安装，数据的采集、传输和存储，资料的整理和分析，工程实测性态的分析评价等，主要涉及水工建筑物的变形观测、渗流观测、应力和温度观测、水流观测等。

水库管理。对工程进行维修养护，防止和延缓工程老化、库区淤积、自然和人为破坏，延长水库使用年限。及时掌握各种建筑物和设备的技术状况，了解水库实际蓄泄能力和有关河道的过水能力，收集水文气象资料的情报、预报以及防汛部门和各用水户的要求。要在库岸防护、水库控制运用、水库泥沙淤积的防治等方面进行技术推广与应用。

溢洪道的养护与维修。对于大多数水库来说，溢洪道的泄洪机会不多，泄大流量洪水的机会则更少，有的几年甚至十几年才泄一次水。但是，由于还无法准确预报特大洪水的出现时间，故溢洪道每年都要做好宣泄最大洪水的预防和准备工作。溢洪道的泄洪能力主要取决于控制段能否通过设计流量，根据控制段的堰顶高程、溢流前缘总长、溢流时堰顶水头用一般水力学的堰流或孔流公式进行复核。而且需要全面掌握准确的水库集水面积、库容、地形、地质条件和来水来沙量等基本资料。

水闸的养护与修理。水闸多数修建在软土地基上，是一种既挡水又泄水的低水头水工建筑物，因而它在抗滑稳定、防渗及沉陷等方面都有其自身的工作特点。当土工建筑物发生渗漏、管涌时，一般采用上游堵截渗漏，下游反滤导渗的方法进行及时处理。根据情况采用开挖回填或灌浆方法处理。

渠系输水建筑物的养护与修理。渠系建筑物属于渠系配套建筑物，承担灌区或城市供水的输配水任务，按照用途可分为控制建筑物、交叉建筑物、输水建筑物、泄水建筑物、量水建筑物。输水建筑物输水流量，水位和流速常受水源条件、用水情况和渠系建筑物的状态的影响发生较大而频繁的变化，灌溉渠道行水与停水受季节和降雨影响显著，维护和管理与此相适应。位于深水或地下的渠系建筑物，除要承受较大的山岩压力、渗透压力外，还要承受巨大的水头压力及高速水流的冲击作用力。在地面的建筑物又要经受温差作用、冻融作用、冻胀作用，以及各种侵蚀作用，这些作用极易使建筑物发生破坏。此外，在一个工程中，渠系建筑物数量多，分布范围大，所处地形条件和水文地质条件复杂，受到自然破坏和人为破坏的因素较多，且交通运输不便，维修施工不便，对工程科技的要求较高。

水利水电工程设备的维护。在水电站、泵站、水闸、倒虹、船闸等水利工程中均涉及一些相关设备，设备已成为水利工程的主要组成部分，对水利工程效益的发挥和安全运行起着至关重要的作用。一是金属结构设备维护，金属结构是用型钢材料，经焊铆等工艺方法加工而成的结构体，在水闸、引水等工程中被广泛采用，有挡水类、输水类、拦污类及其他钢结构类型。一般钢结构在运行中要受到水的冲刷、冲击、侵蚀、气蚀、振荡以及较大的水头压力等作用。这就需要对锈蚀、润滑等进行处理，需要在涂料保护、金属保护、外加电流阴极保护与涂料保护联合等技术进行开发。

防汛抢险。江河堤防和水库坝体作为挡水设施，在运用过程中由于受外界条件变化的作用，自身也发生相应结构的变化而形成缺陷，这样一到汛期，这些工程存在的隐患和缺陷都会暴露出来，一般险情主要有风浪冲击、洪水漫顶、散浸、陷坑、崩岸、管涌、漏洞、裂缝及堤坝溃决等。

雨情、水情和枢纽工情的测报、预报准备等。其包括雨情、水情测验设施和仪器、仪表的检修、校验，报讯传输系统的检修试机，水情自动测报系统的检查、测试，以及预报曲线图表、计算机软件程序、大屏幕显示系统与历史暴雨、洪水、工程变化对比资料准备等，保证汛情测报系统运转灵活，为防洪调度提供准确、及时的测报、预报资料和数据。

地下工程。在水利工程管理中，需要进行复杂地质环境下大型地下洞室群岩体地质模型的建立及地质超前预报，不均匀岩体围岩稳定力学模型及岩体力学作用，围岩结构关系，岩石力学参数确定及分析，强度及稳定性准则，应力场与渗流场的耦合，大型地下洞室群工程模型，洞室群布置优化，洞口边坡与洞室相互影响及其稳定性和变形破坏规律，地下洞室群施工顺序、施工技术优化，地下洞室围岩加固机理及效应，大型地下洞室群监测技术，隧洞盾构施工关键技术，岩爆的监测、预报及防治技术以及围岩大变形支护材料和控制技术。

三、科技运用对水利工程管理的推进作用

水利工程管理通过引进新技术、新设备，改造和替代现有设备，改善水利管理条件；加强自动监测系统建设，提高监测自动化程度；积极推进信息化建设，提高监测、预报和决策的现代化水平。引进新技术、新设备是水利工程能长期稳定带来经济效益的有效途径。在原有资源基础上，不断改善运行环境，做到具有创新性且有可行性，从而提升工程整体的运营能力，是未来水利工程管理的要求。

20世纪80年代以前，水利工程管理基本处于人工管理模式，即根据人们长期工作的实践经验，借助常规的工具、机电设施和普通的通信手段，采取人工观测、手工操作等工作方式，处理工程管理的各类图表绘制、数据计算和文字编辑，发布水情、工情调度指令和启闭调节各类工程建筑物。到90年代初期，通信、计算机技术在水利工程管理中开始得到初步应用，但也只是作为一般的辅助工具，主要用于通信联络、文字编辑、图表绘制和打印输出，最多做些简单的编程计算，通信、计算机等先进技术未能得到全面普及和应用，其技术特性和系统效益不能得以充分发挥。

近几年，随着现代通信和计算机等技术的迅猛发展，以及水利信息化建设进程不断加快，水利工程管理开始由传统型的经验管理逐步转换为现代化管理。各级工程管理部门着手利用通信、计算机、程控交换、图文视讯和遥测遥控等现代技术，配置相应的硬、软件设施，先后建立通信传输、计算机网络、信息采集和视频监控等系统，实现水情、工情信息的实时采集，水工建筑物的自动控制，作业现场的远程监视，工程视讯异地会商及办公自动化等。具体来说，现代信息技术的应用对水利工程管理的推动作用如下：

物联网技术的应用。物联网技术是完成水利信息采集、传输以及处理的重要方法，也是我国水利信息化的标志。近几年来，随着物联网技术的日益发展，物联网技术在水利信息管理尤其是在水利资源建设中得到了广泛的应用并起到了决定性作用。截至目前，我国水利管理部完成了信息管理平台的构建和完善，用户想要查阅我国各地的水利信息，只要通过该平台就能完成。为了能够对基础水利信息动态实现实时把握，我国也加大了对基层水利管理部门的管理力度，

给科学合理的决策提供了有效的信息资源。由于物联网具有快速传播的特点，水利管理部门对物联网水利信息管理系统的构建也不断加强。在水利管理服务中，物联网技术有以下两个作用，分别为在水利信息管理系统中的作用和对水利信息智能化处理的作用。为了能够通过物联网对水利信息及时地掌握并制定有效措施，可以采用设置传感器节点以及RFID设备的方法，完成对水利信息的智能感应以及信息采集。所谓的智能处理，就是采用计算技术和数据利用对收集的信息进行处理，进而对水利信息加以管理和控制。气候变化、模拟出水资源的调度和市场发展等问题都可以采用云计算的方法，实现应用平台的构建和开发。在水利工作视频会议、水利信息采集以及水利工程监控等工作中物联网技术都得到了广泛的综合应用。

遥感技术的应用。在水利信息管理中遥感技术也得到了广泛的应用。其获取信息的原理就是通过地表物体反射电磁波和发射电磁波，实现对不同信息的采集。近几年，遥感技术也被广泛地应用到防洪、水利工程管理和水行政执法中。遥感技术在防洪抗旱过程中，能够借助遥感系统平台实现对灾区的监测，发生洪灾后，人工无法测量出受灾面积，遥感技术能够对灾区受灾面积以及洪水持续时间进行预测，并反馈出具体

灾情情况以及图像，为决策部门提供有效的决策依据。信息新技术的快速发展，遥感技术在水利信息管理中也有越来越重要的作用。在使用遥感技术获取数据时，还要求其他技术与其相结合，进行系统的对接，进而能够完成对水利信息数据的整合，充分体现了遥感技术集成化特点；遥感技术能够为水利工作者提供大量的数据，而且能够根据数据制作图像。但是在使用遥感技术时，为了能够给决策者供应辅助决策，一定要对遥感系统进行专业化的模型分析，充分体现了遥感技术数字模型化特点；为了能够对数据收集、数据交换以及数据分析等做出科学准确的预测，使用遥感技术时，要设定统一的标准要求，充分体现遥感技术标准化特点。

GIS 技术的应用。GIS 技术在水利信息管理服务中对水利信息自动化起到关键性作用。反映地理坐标是 GIS 技术最大的功能特点。由于其能够对水利资源所处的地形地貌等信息做出很好的反映，因此对我国水利信息准确位置的确定起到了决定性作用；GIS 技术可以在平台上将测站、水库以及水闸等水利信息进行专题信息展示；GIS 技术也能够对综合水情预报、人口财产和受灾面积等进行准确的定量估算分析；GIS 技术能够集成相关功能的模块及相关专业模型。其中集成功能模块主要包括数据库、信息服务以及图形库等功能性模块；集成相关专业模型包括水文预报、水库调度以及气象预报等。充分体现了 GIS 技术基础地理信息管理、水利专题信息展示、统计分析功能运用以及系统集成功能的作用。GIS 技术在水利信息管理、水环境、防汛抗旱减灾、水资源管理以及水土保持等方面得到了广泛的应用，其应用能力也从原始的查询、检索和空间显示变成分析、决策、模拟以及预测。

GPS 技术的应用。GPS 技术引入水利工程管理中去，将使水利工程的管理工作变得非常方便。卫星定位系统其作用就是准确定位，它是在计算机技术和空间技术的基础上发展而来的。卫星定位技术一般都应用在抗洪抢险和防洪决策等水利信息管理工作中。卫星定位技术能够对发生险情的地理位置进行准确定位，进而给予灾区及时的救援。卫星定位系统在水利信息管理服务中有广泛应用，诸如 1998 年我国发生特大险情，就是通过卫星定位系统对灾区进行准确定位并进行及时救援，从而有效地控制了灾情，防止了灾害的持续发生。随着信息新技术的不断发展，卫星定位系统也与其他 RS 影像以及 GIS 平台等系统连接，进而被广泛应用到抗洪抢险工作中。采用该方法能够对灾区和险情进行准确定位，从而实施及时救援，阻止了灾情的持续发展，保障了灾区人民的生命安全。

综上所述，水工程管理与工程科技发展两者是相互依赖、相互依存的。在工程管理中，不能离开工程科技而单独搞管理，因为工程科技是管理的继续和实施，任何一种管理都离不开实施阶段，没有实施就没有效果，没有效果就等于管理失败，因此，离开工程科技，管理就不能进行。相反，也不能离开管理来单独搞技术，因为管理带动技术，技术只能通过管理才能发挥出来。没有管理做后盾，技术虽高也难以发挥，二者相互依存，缺一不可。随着水利工程在整个社会中重要性的逐渐突出，水利工程功能也要进一步拓展。这就使得水利工程的设计和施工技术要求也出现了相应的改变。水利施工必须要与时俱进，要不断采用新技术、新设备，提高施工水平。相比较传统的水利工程项目，现代化的水利施工更需要有强大的技术作支撑，科学的水利工程管理可推动专业科技的发展。

第五章　我国水利工程管理发展战略

第一节　我国水利工程管理的指导思想

尽管我国在水利工程管理领域取得了突出成绩，但是受我国水资源，特别是人均水资源禀赋特征的限制，相关工作仍需进一步强化推进。人多水少，水资源时空分布不均、与生产力布局不相匹配，水旱灾害频发，仍是我国的基本国情和水情，也是制约我国国民经济发展的主要因素。而随着经济社会不断发展，特别是基于近年来全球经济危机持续发酵及我国社会经济发展进入新常态的历史阶段，我国水安全呈现出新老问题相互交织的严峻形势，特别是水资源短缺、水生态损害、水环境污染等问题愈加突出，水利工程管理作为我国水利事业的基础，亟待进一步提高战略规划水平，从顶层设计、系统控制的视角出发，对水利工程建设中和建成后的总体进程进行有效的科学管理，确保所有工作有条不紊地按计划推进、实施、竣工和维持长期运作，确保所有工程的规划、建设和运营有效达成战略规划目标，确保水利工程管理为国民经济发展提供可靠的基础支撑。同时，从管理科学学科发展及管理技术水平进步的动态视角看，水利工程管理所涉及的概念与类别、内涵与外延、手段和工具等是在人们长期实践的过程中逐渐形成的，随着时代的变化，管理的具体内容与方法也在不断充实和改进，在全球管理科学现代化的大背景下，在我国全面推进国家治理体系和治理能力现代化的改革目标要求下，也有必要针对我国水利工程管理的未来发展战略构建系统化和科学化的顶层设计。

我国水利工程管理必须以马克思列宁主义、毛泽东思想、邓小平理论、“三个代表”重要思想、科学发展观为指导，全面贯彻党的十八大，党的十八届三中、四中全会，五中、六中全会以及习近平总书记系列重要讲话精神，围绕“四个全面”战略布局，坚持社会主义市场经济改革方向，聚焦改革“总目标”，紧扣“六个紧紧围绕”改革主线，突出水利总体发展的战略导向、需求导向和问题导向，基于习近平总书记提出的“节水优先、空间均衡、系统治理、两手发力”的新时期水利工作方针，按照中央关于加快水利改革发展的总体部署，以保障国家水安全和大力发展民生水利为出发点，进一步解放思想，勇于创新，加快政府职能转变，发挥市场配置资源的决定性作用，着力推进水利重要领域和关键环节的改革攻坚，使水利发展更加充满活力、富有效率，让水利改革发展成果更多更公平地惠及全体人民。

第二节　我国水利工程管理的基本原则

2011 年中央一号文件指出，我国水利工程管理的基本原则为：

1. 坚持民生优先。着力解决群众最关心最直接最现实的水利问题，推动民生水利新发展。

2. 坚持统筹兼顾。注重兴利除害结合、防灾减灾并重、治标治本兼顾，促进流域与区域、城市与农村、东中西部地区水利协调发展。

3. 坚持人水和谐。顺应自然规律和社会发展规律，合理开发、优化配置、全面节约、有效保护水资源。

4. 坚持政府主导。发挥公共财政对水利发展的保障作用，形成政府社会协同治水兴水合力。

5. 坚持改革创新。加快水利重点领域和关键环节改革攻坚，破解制约水利发展的体制机制障碍。

根据 2014 年水利部关于深化水利改革的指导意见，指出改革基本原则如下：

1. 深化水利改革，要处理好政府与市场的关系，坚持政府主导办水利，合理划分中央与地方事权，更大程度更广范围地发挥市场机制作用。

2. 处理好顶层设计与实践探索的关系，科学制订水利改革方案，突出水利重要领域和关键环节的改革，充分发挥基层和群众的创造性。

3. 处理好整体推进与分类指导的关系，统筹推进各项水利改革，强化改革的综合配套和保障措施，区别不同地区不同情况，增强改革措施的针对性和有效性。

4. 处理好改革发展稳定的关系，把握好水利改革任务的轻重缓急和社会承受程度，广泛凝聚改革共识，提高改革决策的科学性。由前后表述的细微变化看出，水利工程管理的指导原则更注重发挥市场机制的作用，更注重顶层设计理论指导与基层实践探索相互结合，更强调处理整体推进与分类指导的关系，更注重发挥群众的创造性，这既是前面指导精神的进一步延伸，也是结合不同的发展形势下的进一步深入细化。

基于此，我们认为，新时期我国水利工程管理的基本原则应遵循：

1. 坚持把人民群众利益放在首位。把保障和改善民生作为工作的根本出发点和落脚点，使水利发展成果惠及广大人民群众。

2. 坚持科学统筹和高效利用。通过科学决策的置顶规划和系统推行的工作进程，把高效节约的用水理念和行动贯穿于经济社会发展和群众生活生产全过程，系统提高用水效率和综合效益。

3. 坚持目标约束和绩效管控。按照“以水四定”的社会经济发展理念，把水资源承载能力作为刚性约束目标，全面落实最严格的水资源管理制度，并运用绩效管理办法将目标具体化到工作进程的各个环节，实现社会发展与水资源的协调均衡。

4. 坚持政府主导和市场协同。坚持政府在水利工程管理中的主导地位，充分发挥市场在资源配置中的决定性作用，合理规划和有序引导民间资本与政府合作的经营管理模式，充分调动市场的积极性和创造力。

5. 坚持深化改革和创新发展。全面深化水利改革，创新发展体制机制，加快完善水法规体系，注重科技创新的关键作用，着力加强水利信息化建设，力争在重大科学问题和关键技术方面取得新突破。

第三节　我国水利工程管理总体思路和战略框架

水利现代化是一个国家现代化的重要环节、保障和支撑，是一个需要进步发展的进程。它的建设标志着从传统的水利向现代的水利进行的一场变革。水利工程管理现代化适应了经济现代化、社会现代化、水利现代化的客观要求，它要求我们建立科学的水利工程管理体系。

首先，作为水利现代化的重要构成，水利工程管理的总体发展思路可归纳为以下几个核心基点：

1. 针对我国水利事业发展需要，建设高标准、高质量的水利工程设施。

2. 根据我国水利工程设施，研究制定科学的、先进的，适应市场经济体制的水利工程管理体系。

3. 针对工程设施及各级工程管理单位，建立一套高精尖的监控调度体系。

4. 打造出一支高素质、高水平、具有现代思想意识的管理团队。依据上述发展思路的核心基点，各级水利部门应紧紧把握水利改革发展战略机遇，推动中央决策部署落到实处，为经济社会长期平稳较快发展奠定更加坚实的水利基础。基于此，依据水利部现有战略框架和工作思路，水利工程管理应继续紧密围绕以下十个重点领域下足功夫着力开展工作，这就形成了水利工程管理的战略框架：

1. 立足推进科学发展，在搞好水利顶层设计上下功夫；

2. 不断完善治水思路，在转变水利发展方式上下功夫；

3. 践行以人为本理念，在保障和改善民生上下功夫；

4. 落实治水兴水政策，在健全水利投入机制上下功夫；

5. 围绕保障粮食安全，在强化农田水利建设上下功夫；
6. 着眼提升保障能力，在加快薄弱环节建设上下功夫；
7. 优化水资源配置，在推进河湖水系连通上下功夫；
8. 严格水资源管理，在全面建设节水型社会上下功夫；
9. 加强工程建设和运行管理，在构建良性机制上下功夫；
10. 强化行业能力建设，在夯实水利发展基础上下功夫。

第四节　我国水利工程管理发展战略设计

依据上述提出的我国水利工程管理的指导思路、基本原则、发展思路和战略框架，特别是党的十八大，党的十八届三中、四中全会，党的五中、六中全会的重要精神以及习近平总书记提出的“节水优先、空间均衡、系统治理、两手发力”水利发展总体战略思想，笔者提出新时期中国水利工程管理发展战略的二十四字现代化方针：“顶层规划、系统治理、安全为基、生态先行、绩效约束、智慧模式。”

一、顶层规划，建立协调一致的现代化统筹战略

为适应新常态下我国社会经济发展的全新特征和未来趋势，水利工程管理必须首先建立统一的战略部署机制和平台系统，明确整个产业系统的置顶规划体系和行为准则，确保全行业具有明确化和一致性的战略发展目标，协调稳步地推进可持续发展路径。

在战略构架上要突出强调思想上统一认识，突出置顶性规划的重要性，高度重视系统性的规划工作，着眼于当前社会经济发展的新常态，放眼于未来“十三五”时期乃至更长远的发展阶段，立足于保障国民经济可持续发展和基础性民生需求，依托于整体与区位、资源与环境、平台与实体的多元化优势，建立具有长效性、前瞻性和可操作性的发展战略规划，通过制定科学的发展目标、规划路径和实施准则，推进水利工程管理的各项社会事业快速、健康、全面地发展。

在战略构架上要突出强调目标的明确性和一致性，建立统筹有序、协调一致的行业发展规划，配合国家宏观发展的战略决策以及水利系统发展的战略部署，明确水利工程管理的近期目标、中期目标、长期目标，突出不同阶段、不同区域的工作重点，确保未来的工作实施能够有的放矢、协同一致，高效管控和保障建设资金募集和使用的协调性和可持续性，最大限度地发挥政策效应的合力，避免因目标不明确和行为不一致导致实际工作进程的曲折反复和输出效果的大起大落。

在战略布局上要突出强调多元化发展路径，为应对全球经济危机后续影响的持续发酵以及我国未来发展路径中可能的突发性问题，水利工程管理战略也应注重多元化发展目标和多业化发展模式，着力解决行业发展进程与国家宏观经济政策以及市场机制的双重协调性问题，顺应国家发展趋势，把握市场机遇，通过强化主营业务模式与拓展产业领域延伸的并举战略，提升行业防范和化解风险的能力。

在战略实施上要突出强调对重点问题的实施和管控方案，强调创新管理机制和人才发展战略，通过全行业的技术进步和效率提高，缓解和消除行业发展的“瓶颈”，彻底改变传统“重建轻管”的水利建设发展模式，同时，发展、引进和运用科学的管理模式和管理技术，协调企业内部管控机构，灵活应对市场变化。通过管理创新和规范化的管理，使企业的市场开拓和经营活动由被动变为更加主动。

二、系统治理，侧重供给侧发力的现代化结构性战略

积极响应十八届三中全会《决定》关于“推进国家治理体系和治理能力现代化”的要求，加大水利工程管理重点领域和关键环节的改革攻坚力度，着力构建系统完备、科学规范、运行有效的管理体制和机制。坚持推广“以水定城、以水定地、以水定人、以水定产”的原则，树立“量水发展”“安全发展”理念，科学合理地建立水资源总量性约束指标，充分保障生态用水。

把进一步深化改革放在首要位置，积极推进相关制度建设，全面落实各项改革举措，明晰管理权责，完善许可制度，推动平台建设，加强运行监管，创新投融资机制，完善建设基金管理制度，通过市场机制多渠道筹集资金，鼓励和引导社会资本参与水利工程建设运营。按照“确有需要、生态安全、可以持续”的原则，在科学论证的前提下，加快推进重大水利工程的高质量管理进程，将先进的管理理念渗入水利基础设施、饮水安全工作、农田水利建设、河塘整治等各个工程建设环节，进一步强化薄弱环节管控，构建适应时代发展和人民群众需求的水安全保障体系，努力保障基本公共服务产品的持续性供给，保障国家粮食安全、经济安全和居民饮水安全、社会安全，突出抓好民生水利工程管理。

充分发挥市场在资源配置中的决定性作用，合理规划和有序引导民间资本与政府合作的经营管理模式，充分调动市场的积极性和创造力。同时注重创新引领和辐射作用，推进相关政策的创新、试点和推广，稳步保障水利工程管理能力不断强化，积极促进水利工程管理体系再上新台阶。

三、安全为基，支撑国民经济的现代化保障性战略

水是生命之源、生产之要、生态之基。水利是现代化建设不可或缺的首要条件，

是经济社会发展不可替代的基础支撑，是生态环境保护不可分割的保障系统。水利工程管理战略应高度重视我国水安全形势，将“水安全”问题作为工程管理战略规划的基石，下大力气保障水资源需求的可持续供给，坚定不移地为国民经济的现代化提供切实保障。

水利工程应以资源利用为核心实行最严格的水管理制度，全面推进节水型建设模式，着力促进经济社会发展与水资源承载能力相协调，以水资源开发利用控制、用水效率控制、水功能区限制纳污“三条红线”为基准建立定量化管理标准。

将水安全的考量范围扩展到防洪安全、供水安全、粮食安全、经济安全、生态安全、国家安全等系统性安全层次，确保在我国全面建成小康社会和全面深化改革的攻坚时期，全面落实中央水利工作方针、有效破解水资源紧缺问题、提升国家水安全保障能力、加快推进水利现代化，保障国家经济可持续发展。

四、生态先行，倡导节能环保的现代化可持续战略

认真审视并高度重视水利工程对生态环境的重要性甚至决定性影响，确保未来水利工程管理理念必须以生态环境作为优先考量的视角，加强水生态文明建设，坚持保护优先、停止破坏与治理修复相结合，积极推进水生态文明建设步伐。

尽快建立、健全和完善相关的法律体系和行业管理制度，理顺监管体系、厘清职责权限，将水生态建设的一切事务纳入法治化轨道，组成“可持续发展”综合决策领导机构，行使讨论、研究和制订相应范围内的发展规划、战略决策，组织研制和实施中国水利生态现代化发展路径图。规划务必在深入调查的基础上，切实结合地域资源综合情况，量力而行，杜绝贪大求快，力求正确决策、系统规划、稳步和谐的健康发展。

努力协调完善机构机能，保证工程高质量运行。完善发展战略及重大建设项目立项、听证和审批程序。注重做好各方面、各领域的环境动态调查监测、分析、预测，善于将科学、建设性的实施方案变为正确的和高效的管理决策，在实际工作中不仅仅以单纯的自然生态保护作为考量标准，而是努力建立和完善社会生态体系的和谐共进，不失时机地提高综合社会生态体系决策体系的机构和功能。

从源头入手解决发展与环境的冲突，努力完成现代化模式的生态转型，实现水环境管理从“应急反应型”向“预防创新型”的战略转变。控制和减少新增的环境污染。继续实施污染治理和传统工业改造工程，清除历史遗留的环境污染。积极促进生态城市、生态城区、生态园区和生态农村建设。努力打造水利生态产业、水利环保产业和水利循环经济产业。着力实现水利生态发展与城市生态体系、工业生态体系以及农业生态体系的融合。

五、绩效约束，实现效益最大化的现代化管理战略

根据《中华人民共和国预算法》及财政部《中央级行政经费项目支出绩效：考评管理办法（试行）》、《中央部门预算支出绩效考评管理办法（试行）》以及国家有关财务规章制度，积极推进建立绩效约束机制，通过科学化、定量化的绩效目标和考核机制完善企业的现代化管理模式，以绩效目标为约束，以绩效指标为计量，确保行业和企业持续健康地沿效益最大化路径发展。

基于调查研究和科学论证，建立水利工程管理的绩效目标和相关指标，绩效目标突出对预算资金的预期产出和效果的综合反映，绩效指标强调对绩效目标的具体化和定量化，绩效目标和指标均能够符合客观实际，指向明确，具有合理性和可行性，且与实际任务和经费额度相匹配。绩效目标和绩效指标要综合考量财务、计划信息、人力资源部等多元绩效表现，并注重经济性、效率性和效益型的有机结合，组织编制预算，进行会计核算，按照预算目标进行支付；组织制定战略目标，对战略目标进行分解和过程控制，对经营结果进行分析和评判；设计绩效考核方案，组织绩效辅导，按照考核指标进行考核。确保在"十三五"乃至未来更长的发展阶段实现绩效约束的管理战略有序推进、深化拓展和不断完善，实现由从事后静态评估向事前动态管理的转换，由资金分配向企业发展转换，由主观判断向定量衡量转换，由单纯评价向价值创造转换，由个体评价向协同管理转换。倒逼责任到岗、权力归位，目标清晰、行动一致，以绩效约束的方式实现现代化治理体系和管理能力，推进企业经济效益、社会效益的最大化。

六、智慧模式，促进跨越式发展的现代化创新战略

顺应世界发展大趋势，加速推进水利工程管理的智能化程度，打造水利工程的智慧发展模式，推动经济社会的重要变革。以"统筹规划、资源共享、面向应用、依托市场、深入创新，保障安全"为综合目标，以深化改革为核心动力，在水利工程领域努力实现信息、网络、应用、技术和产业的良性互动，通过高效能的信息采集处理、大数据挖掘、互联网模式以及物网融合技术，实现资源的优化配置和产业的智慧发展模式，最终实现水利工程高效地服务于国民经济，高效地惠及全体民众。

首先，加快建成水利工程管理的"信息高速公路"，以移动互联为主体，实现水利工程管理的全产业信息化途径，加快信息基础设施演进升级，实现宽带连接的大幅提速，探索下一代互联网技术革新和实际应用，建立水利工程管理的物联网体系，着力提升信息安全保障能力，促进"信息高速公路"搭载水利工程产业安全、高效的发展。其次，创建水利工程的大数据经济新业态，加快开发、建设和实现大数据相关软件、

数据库和规则体系，结合云计算技术与服务，加快水利工程管理数据采集、汇总与分析，基于现实应用提供具有水利行业特色的系统集成解决方案和数据分析服务，面向市场经济，利用产业发展引导社会资金和技术流向，加速推进大数据示范应用。

再次，打造水利工程管理的全新“互联网+”发展模式。促进网络经济模式与实体产业发展的协调融合，基于互联网新型思维模式，推进业务模式创新和管理模式创新，积极新型管理运营业态和模式。促进产业技术升级，增加产业的供给效率和供给能力，利用互联网的精准营销技术，开创惠民服务机制，构建优质高效的公共服务信息平台。

最后，实现智能水利工程发展模式。基于信息技术革命、产业技术升级和管理理念创新，大力发展数据监测、处理、共享与分析，努力实现产业决策及行业解决方案的科学化和智能化。加快构建水利工程管理单位对水利工程管理的智慧化体系，完善智能水利工程的发展环境，面向水利工程管理对象以及社会经济服务对象，实现全产业链的智能检测、规划、建设、管理和服务。

第六章　水利工程施工管理的主要内容

第一节　技术管理

一、图纸会审

图纸会审顾名思义就是在收到设计图和设计文件后，召集各参建单位（建设单位、监理单位、施工单位）有关技术和管理人员，对准备施工的项目设计图纸等设计资料进行集中、全面、细致的熟悉，审查出施工图中存在的问题及不合理情况，并将有关问题和情况提交设计单位进行处理或调整的活动。简言之，图纸会审是指工程各参建单位在收到设计单位图纸后，组织有关人员对图纸进行全面细致的熟悉、审查，找出图纸中存在的问题和不合理情况，经整理并提交设计单位处理的活动。图纸会审一般由建设单位负责组织并记录，会审的目的是使各参建单位特别是施工单位熟悉设计图纸，领会设计意图，了解工程施工的特点及难点，查找需要解决的技术难点并据此制订解决方案，达到将设计缺陷及时掌握并解决的目的。就施工单位的技术和管理人员而言，审查的目的不外乎四点：

一是让技术人员通过图纸审查熟悉设计图纸，解决不明白的地方，使各类专业技术人员首先在技术上做到心中有数，为以后在实际工作中如何按图施工创造条件并提前做好各自相应的技术准备；同时，通过图纸会审使土建、电气、机械、金属结构和自动化等各专业有关技术如何进行配合有一个初步方案。

二是集中商讨设计中体现的该项目技术重点和难点。每一个施工项目都有其技术重点和难点，事先对该项目的重点和难点进行共同商讨，使主要专业技术和管理人员心中统一重点和难点目标，有利于这些重点和难点问题的解决。

三是通过图纸会审查找设计上的不足和差错。任何设计尤其是一些复杂项目的设计都不可能是尽善尽美的，或多或少存在一些不足甚至错误，尤其现在有不少设计人员几乎是大学毕业后就进了设计部门，根本没有施工经验，纸上谈兵的设计经常出现，给施工人员带来很大麻烦甚至无法施工，这就要求施工单位凭借施工经验，通过图纸会审程序，查找图纸中的毛病和欠缺，以此弥补设计人员考虑不周的地方，使设计达到更完善和合理。

四是通过图纸会审及时考虑和安排如何满足设计要求的施工实施方案，为以后的顺利施工奠定基础。

图纸会审工作是进一步仔细的审查工作程序，对较大或较复杂的项目，应该由企业总工程师和技术职能部门负责组织项目部有关专业技术人员和主要管理人员共同参加审查，有的企业还邀请主要设计人员共同参加，一般项目应该由项目总工程师带队，召集项目部有关各类专业技术人员和主要管理人员并邀请企业技术主管部门人员参加审查。这项工作在以前的大中型正规企业中开展得都比较好，但现在的施工企业往往不重视图纸会审甚至干脆不进行这项工作，所有问题都是在进场后边干边考虑和解决，实际上这是不妥的，很容易给项目的技术管理工作带来麻烦甚至损失，企业管理者尤其是企业总工程师和企业技术主管部门，要督促各项目部和分公司等，重视图纸会审工作。坚持图纸会审程序，并尽可能地做通企业主要负责人的工作，使其重视图纸审查工作，将图纸审查作为每个项目必须进行的主要程序之一。把应该前期解决的问题真正解决在前期准备工作中，避免或减少以后的麻烦甚至损失。同时，希望建设单位采取相应措施，高度重视并积极组织图纸会审工作，把该项工作作为一项重要事项抓好落实及实效。

二、技术交底

技术交底是指在某一单位工程开工前，或一个分部（分项）和重要单元工程开工前，由项目总工程师等技术主管人员，向参与该工程或工序的施工人员进行的技术方面的交代，其目的是使施工人员对工程或工序特点、技术和质量要求、施工方法及措施、安全生产及工期等有一个较详细的了解和掌握，以便于各工种或班组合理组织施工，最大限度地避免或减少质量、安全等事故的发生。各种技术交底记录应作为技术档案资料保存，是将来移交的技术资料的组成部分。

技术交底分为设计交底和施工设计交底，设计交底即设计图纸交底，一般由建设单位组织，由设计人员（各专业）向施工人员（各单位、各专业）进行的技术交底，主要交代设计功能与特点、设计意图与要求、重点和难点部位注意事项等。施工设计技术交底又分为集中技术交底和阶段技术交底，集中技术交底由项目总工程师负责在进场前或进场后对参加该项目建设的各部门负责人及各专业技术人员进行项目结构、技术要求、工期、施工方案等的全面交底工作。阶段技术交底是随着项目进度情况，逐步对准备施工的部位、方案、工期、质量等逐次交底，让参加施工所有人员明白下一步要施工的部位或工艺要求；同时，对施工方案和保障措施有书面材料备案，并将施工方案和保障措施报业主及监理工程师审查，待业主和监理工程师审查并签字后按施工方案和保障措施进行监督管理。技术交底工作要和项目副经理每天安排的施工任务一起安排，先由负责项目工作调度的副经理安排一天的施工任务，接着由项目总工程师安排今天施工的任务技术上有什么要求和注意事项；同时，对安全生产一起布置下去，即“任务、技术、安全”三同步。以后的技术交底按此进行，这样管理人员和技术人员都熟悉了这样的程序，循序渐进就是。技术交底工作根据不同的工程项目其内容各不相同，就一般的工程项目而言，技术交底的内容主要包括：

1. 是否具备施工条件，不具备时如何解决，各工种之间的配合有无矛盾和冲突，如有矛盾或冲突如何协调；

2. 施工的范围、内容、工程量、工作量和进度要求；

3. 解读施工图纸，交代设计要求及意图，提醒完成设计要求应注意的事项；

4. 将事先编制的施工方案和技术保障措施及安全文明施工措施翔实传达；

5. 重点部位或工艺的操作要领和方法进行交代；

6. 明确工艺或工序要求，质量标准情况；

7. 施工期间自检、复检要求，监理工程师重点检查和关注情况；

8. 减少或避免浪费，增加经济指标的方法和注意事项；

9. 应进行技术记录的内容和要求；

10. 其他需要交代的注意事项。

三、现场测量

现场测量工作是技术工作的基础，也是工程开工后最先进行的业务。首先，测量人员进场前根据工程具体情况准备测量仪器并进行鉴定。其次，进场后尽早与业主或监理人员进行控制桩和高程点交接，交接后让交桩和交高程点的人员提供书面资料并在资料上签字，如果交接人员不能提供书面资料，测量人员需自行绘出书面资料让交接人员签字认可。然后，安排自己的人员对控制桩和高程点进行复核，并做好复核记录，如果复核后无误，书面汇报给交接人员及项目监理工程师审查并签字。控制桩和高程点的交接和审查是一件严肃和严谨的事情，任何人员均不能马虎从事，交接前由业主单位负责看管维护，交接后由施工单位负责看护，监理工程师作为中间方有责任和义务对控制桩和高程点进行监管。控制桩和高程点的准确交接和维护是确保工程项目准确实施的关键和基础，在此出现问题将是根本性的，严重者将导致整个项目废弃或不能发挥其应有的作用，造成的损失是巨大的或无法挽回的，因此，交接过程必须按规程进行，以防将来出现测量问题，据此追究有关人员的责任。测量人员对签字后的资料要妥善保管。为了保证测量工作进展顺利无误，希望各施工企业加强测量专业人员的培训和锻炼；同时，跟上科技的发展，及时更新单位的测量设备，有责任心的专业人才又有技术先进的设备，才能保证测量工作圆满顺利。

至此，测量人员根据现场具体情况布设适合施工要求的测量控制网和现场高程控制点，并将控制网、点进行必要复核并加固后，绘出控制网、点书面资料。同时，按测量规范定期对网、点进行复核和检查，如有变化随时矫正。对控制桩的布设一定要兼顾整个工程项目施工过程的方便使用，工程项目坐落在山区岩基上，施工控制桩应设在附近坚硬岩石等牢固不动的地方，用钢钎钻细微的浅孔用醒目的油漆点点并画圈示意。工程项目坐落在土基上，附近没有牢固不动的地方设点，应现场找不妨碍施工的地方挖坑用混凝土加固，加固混凝土深度 30cm 以上，宽度约 50cm 见方，混凝土中间插入直径 12mm 以上，长度 20cm 以上顶部平滑的钢筋，钢筋顶部用钢锯锯出十字线，也可以用坚硬的木质桩打入土中用混凝土将木桩加固，在桩顶嵌入铁钉。钢筋十字线交点或铁钉中心就是该控制桩的基点。对高程控制点，岩基工程应布设在坚硬凸起岩石部位，用醒目的油漆点点并画圈示意，土基工程采用混凝土基础上插入钢筋柱，钢筋柱顶部呈半球状。所有控制桩和高程点均应编号管理，各高程点周围应详细注明高程值。各控制桩和高程点均要设置其复核或恢复桩、点，以防损坏后能及时补充。复核或恢复桩、点的设置可近可远，应根据具体情况考虑，复核或恢复桩、点既不能没有又不能过多，没有一旦桩、点损坏则影响正常使用，过多则容易出现混乱导致差错。对现场的控制桩、点，测量人员必须根据进度和工程实施情况及时绘制书面资料并随时进行调整，对已经废弃的桩、点应及时处理掉，免得被误用导致错误。

测量人员必须随时熟悉图纸，根据图纸尺寸和高程掌握现场测量布局和高程控制；同时，测量人员必须提前一步放好下一步施工部位的控制桩和点，否则，就会影响工期，在上道工序施工期间，测量人员要随时到现场观察施工部位的情况，发现桩、点不能满足要求时应及时增补，以后据此进行。

测量工作是一项细致、具体、专业性强的工作，关乎整个工程的准确就位和进度，因此，测量人员必须根据现场具体情况，将内业和外业工作进行良好结合；同时，由于施工现场随时都可能发生影响测量的情况，又必须根据新情况进行完善或弥补。如在进行内业工作时，两个桩、点之间是通视的，现场情况也是如此，但可能不知什么时间两点之间就被弃土或堆存了其他大宗材料。使外业工作不能按内业准备进行，这时测量人员必须设想补救方案进行工作。现场发生这样的情况是正常的，尤其是建筑物工程，由于场地狭窄或基坑较深，工人随处堆放周转材料的事情比较常见，他们也不会注意哪儿有桩、点，甚至发生直接存放在桩、点上的事情都不稀奇。再者，由于天气等影响也会将桩、点损坏导致不能正常使用，所以，要求测量人员发生类似情况时不能怨天尤人，应根据现场的具体情况及时补救，以此为理由就拖延测量甚至直接借此撂挑子的行为都是错误的；同时，为了减少或避免这类事情的发生，在设置桩、点时，应尽量考虑不占用主要场地并做好预防天气影响的工作，将设置的桩、点及时告知现场负责生产调度的负责人，使他在安排有关工作时能有的放矢，从而减少对测量工作的直接影响。加强交流和沟通是减少测量工作和其他工作矛盾的基础和有效方法。工程阶段验收和竣工验收前，测量人员一定要再次复核控制桩和高程点情况，以防发生意外。竣工后，测量人员根据第一手资料整理出该项目测量资料，报总工程师审查后，由总工程报监理或业主单位人员审查。

测量工作和质检工作必须配合，互相检查、互相监督，质检工作用的桩、点都是测量人员布设的，所以，测量和质检不可分，不能使用各自不同的桩、点，即施工现场只能有一套由测量人员专门布设的，兼顾测量和质检要求的统一控制桩、点，否则，测量和质检各自为政各有各的桩、点，将导致桩、点混乱，必将出现差错。

工程竣工验收并移交后，项目部测量人员应将最终使用的有效桩、点绘制详细的书面资料。交付业主单位有关技术人员，并带领业主单位技术人员现场查验各桩、点，以便业主单位将来在工程管理运行期间，对工程运行监管发挥控制和检测作用，这是施工企业对业主应该尽的义务，也是项目部测量人员的职责。对交付给业主的测量桩、点必须准确无误，现场实物与书面资料一致。

四、试验检测

负责现场试验的人员，进场前根据设计资料确定现场常规试验设备型号、规格、数量等，需要鉴定的到有资质的部门及时进行鉴定。对符合要求的设备妥善包装，以防运输途中造成损坏，同时编制出装运清单。运至工地的设备应对照清单注意开封检查有无损坏或遗失，一旦有损坏或遗失应及时维修或查找。设备到场后，应根据事先确定的实验室将各种设备按规定安装就位并进行使用前的试用，将试用数据与规范数据比对后，在稳定的允许误差内即可将试验情况书面报项目总工程师复核，无误后报监理工程师审查后使用。为了提高工作效率并能及时对现场工作进行检测，希望各施工企业尽量配齐配全合格的常规试验检测设备，最起码要按照投标文件提供的设备数量和型号配置，不能出现说一套做一套。而现实中，说做不一的单位不是少数，投标时投标文件中几乎要什么有什么，而中标后几乎要什么又没什么，这样的企业是不负责任的企业，业主或监理人员应对照其投标文件和试验规范行使其配齐配全相关设备，否则，必将影响工程的正常实施或发生虚假资料。作为负责人的施工企业，有义务按照投标文件配备相应设备，这不仅是企业的承诺也是对自己和项目负责。

对混凝土工程，进场后根据项目经理或总工联系的供料厂家或供货商，事先提取水泥、钢材、地材、外加剂等样品，到有资质的试验部门进行混凝土配比试验、钢筋物理性能试验和钢筋焊接试验等，并将设计要求提供给试验部门，合格后经项目监理工程师审查汇报项目总工程师或项目经理订货并签订供货合同。正常工作期间，试验人员随时对进场的水泥、钢材、地材、外加剂等进行取样检查，对地材还要根据季节和天气情况测试沙石料含水量，对外加剂要根据混凝土设计要求和试验规定添加，据此调整混凝土配合比，并据此开具当日混凝土浇筑配比并留好当日试验资料。

试验人员要根据试验情况确定各部位混凝土的养护、拆模等时间和方法，以确保成型混凝土不因为养护和拆模时间不足和方法不对造成损坏。

对土方工程，试验人员在开工前根据规范规定确定试验段，据此提取试验段土方进行含水量、压实度、铺土厚度、压实设备等数据，报总工程师审查后，报监理工程师审核，无误后，将试验结果对项目经理汇报，可以据此全面铺开工作面。工作面铺开后，试验人员要根据取土场土层和含水量情况，随时进行快速检验，据检验数据通知现场进行铺土厚底、碾压遍数等的调整，并根据天气情况调整铺土厚底和碾压遍数。试验工作也是质量验收的重要依据，一切资料必须满足各种验收要求，项目部总工要具体把关，监理工程师要随时监管，这就需要试验人员把日常工作中的各种试验资料及时整理归档，防止缺项、漏项、遗失、损坏等，为防止以上问题发生后给项目造成不必要的损失，实验室应设置专门资料存放档案柜并妥善保存，非项目部主要管理和技术人员最好不进实验室。项目经理在职工会议上一定要郑重强调这一点，也包括测量资料、质检资料、采购资料、财务资料、订货计划等。

五、质量检查

质量检查是项目能否实现质量目标的关键，质检人员必须具备公正、实事求是的工作心态和素质，不能徇私情，不能忘了自己的工作性质和职责。质量检查说重要很重要，说不重要就不重要，质量检查人员不要以为质量好坏是你们检查出来的，那就错了，前面说了从事质量检查的人员要公正、要实事求是、要有素质和正常心态，就是这个意思。质量是职工干出来的，绝对不是质检人员检查出来的，质检人员只是对职工的工作成果给予一个合理的评判而已，也是对职工工作任务的专业检查，据此肯定或弥补工作中的不足，使其达到质量要求，并通过质检人员的检查填报有关书面资料作为以后工程监管的档案材料。假如职工干出来的就是次品，质检人员检查后是正品，或职工干出来的就是正品，质检人员检查后是次品，那都可以充分证明检查人员的素质和水平，可以用一个词形容质检人员，那就是“信口雌黄”。质检人员不要不爱听，也不用不高兴，事实就是这样，如果质检人员有素质、有水平，那职工干出来的东西是正品就是正品，不用检查也是正品，反之同样成立。质检人员所从事的工作就是对职工所干的工作或作品给予客观评价，同时肯定他们的成绩，纠正他们的不足，为以后的工作或工序打下更坚实的基础。

质量检查人员作为项目部主要技术人员，必须和测量人员、试验人员等各专业技术人员经常交流沟通，质检人员从事的检查工作离不开测量人员等的辛勤劳动，质检用的网、点都是测量人员布设的，也是测量人员维护和保养的，质检人员需要鉴定或了解的指标数据，都是试验人员等提供的，因此，技术人员之间互相配合协作才是最理想的。一个项目部就是一个整体，技术、质检、测量、试验、金结、机电、自动化等都是技术部门，密切配合互相帮助才能实现共赢。

同时，质检人员要经常到施工现场观察了解职工是怎样工作的，向他们学习实践经验，既能在现场通过观察了解施工质量情况，同时对以后的质量检查工作会有意想不到的帮助和提高，尤其是隐蔽工程更要旁观至工程完工为止，否则，一旦存在问题只能重新挖开再看。职工或民技工是实现项目各项目标的关键和基础，技术人员、测量人员、质检人员、试验人员等，都是为职工或民技工服务的，没有他们的辛苦劳动就没有技术和管理人员的工作岗位。所以，一切从事技术工作和管理工作的人员，都要虚心向他们学习，和他们成为朋友，这样，技术人员尤其是质检人员的工作就更好做了，也更放心了，否则，他们就会给我们点颜色看看。他做出的是次品，你检查的是正品，他就会在心里讥笑质检人员是个书呆子甚至傻瓜，相反，他就会说你不懂业务或故意刁难。

与质检人员打交道最多的是监理工程师，要征得监理工程师对质检工作的信任和支持，就必须做到合格就是合格，自检不合格坚决不报，资料和实际必须相符，否则，一旦要聪明，以后不会都聪明，最终必将弄巧成拙，这是从事质检工作的大忌。质量检查工作要的是真实、务实、统一，不能马虎从事有应付和感情因素，对合格的工序或工作就要给予肯定和表扬，对不合格的就要及时给予指正和完善办法，这就需要质检人员了解熟悉设计要求，了解施工程序，知道怎样完善不足之处，对拒不服从质检人员修改建议和意见的，项目部必须给予处罚或警告，支持质检人员的工作是项目部质量管理的重要内容，树立质检人员的威信和权威也是项目经理和总工程师的职责。

质检工作不仅要把建设过程掌握好，更要把资料整理好、保管好，将来验收时资料是必查的，资料要和实物相符，否则就是假资料。单元工程验收、分部分项工程验收、单位工程验收都是如此。

对每一个项目，质检人员针对质量目标应进行分解，把层层分解的目标放在工序、工艺、材料、半成品、成品中，层层分解到责任人并落实到责任制，这样质检人员才能把整个项目的质量目标统一起来，从工序、工艺、材料等源头抓起，不放过任何进入工地的材料检查，不放过任何工序、工艺；同时，要和职工、民技工打成一片，这样就可以获得更多真实信息，就能更好地掌握各项质量指标，以阶段质量目标为基础，最终实现总目标。

质检人员对所检查的材料、工艺、工序等必须留下真实的第一手资料，因为，项目完成后，质检资料是保存最长久的资料，是项目运行后诊断项目的命脉。

就目前水利工程而言，各施工企业都有自己的质量检查规定，全国和各省主管部门对施工质量的控制和检查也有相关的制度和规程，三检制、初检、复检、终检等各种规定很多，但在实际工作中往往做不到规定要求，说做不一的情况比较常见，班组自检有不少工地只是落实在纸面或口头上，没有真正付诸行动，大量检查工作主要依靠专业质检人员和监理工程师，而不少项目所谓的专业质检人员根本不专业，有的是非专业人员，有的是刚毕业的学生，还有的是临时工，相对测量和试验人员而言，质检人员的专业素质和水平可能更差。而监理部的监理人员水平和素质也是参差不齐、鱼龙混杂，尤其是近些年国家对水利工程的投资加大后，为数不多的合格监理公司承接的监理项目和施工企业一样与日俱增，因此，一个项目真正懂技术会监理的监理工程师少而又少，不少监理公司中标后，只是派出一两个专业人员，其他几乎全是在当地或社会上聘请一些几乎没有证书或没从事过监理工作的人员充数，班组自检几乎不检，工段复检流于形式，专业质检人员终检水平不到，监理工程师总检又缺乏经验和能力，致使有的项目部整个质检过程就像演戏一样只有花架子，只是表演没有多大实质，这也是招标人和上级主管部门头痛的现实。人人都知道“百年大计，质量第一”，而落实到现实工作和项目中的却不是这样并且相去甚远。在此，建议从事质检工作的人员应做到以下几点，第一，要加强自身业务水平的提高和道德修养。第二，尽量多地在项目现场观察和熟悉工人的施工过程，能亲自动手操作和体验更好，脱离职工、远离施工过程的质检人员不可能做好质检工作。第三，全面了解和掌握各种水利工程质量检查方面的综合知识。第四，对身边正在施工的项目质量要求和检查程序等有深刻全面的了解和理解，通过自己对质量的认知和理解，将质量意识提升到一个更高的标准并贯穿于施工全过程全工序，引导和督促所有施工人员都有重视工作质量的理念和习惯，通过自己的工作将设计和规范要求及时传达到施工操作人员脑中，形成团队力量和优势。第五，建立健全质量目标和质量计划，完善质量监督机制和制度，建立资料档案填写、签证、整存规程。第六，养成勤业、合作，严谨、负责、公正的良好工作习惯。班组、工段、监理工程师和业主方等与项目质量管理有关的人员也要根据质量管理要求加强自身的修养和知识学习，并在工作中各方紧密配合互相促进提高，使整个项目的质量检查、监督、监管等在透明、和谐、友好、真诚、实际、严密、规范的氛围中进行。

第二节　质量管理

一、水利工程项目划分和施工质量检验

（一）水利工程项目划分的原则

为加强水利水电工程建设质量管理，保证工程施工质量，统一施工质量检验与评定方法，使施工质量检验与评定工作标准化、规范化，水利部组织有关单位对《水利水电工程施工质量评定规程（试行）》（SL 176—1996）进行修订，修订后更名为《水利水电工程施工质量检验与评定规程》（SL 176—2007），自 2007 年 10 月 14 日实施。有关项目名称和项目划分原则规定如下。

1. 项目名称和划分原则

（1）水利水电工程质量检验与评定应进行项目划分。项目按级划分为单位工程、分部工程、单元（工序）工程等三级。

（2）工程中永久性房屋（管理设施用房）、专用公路、专用铁路等工程项目，可按相关行业标准划分和确定项目名称。

（3）水利水电工程项目划分应结合工程结构特点、施工部署及施工合同要求进行，划分结果应有利于保证施工质量以及施工质量管理。

2. 单位工程项目的划分原则

（1）枢纽工程，一般以每座独立的建筑物为一个单位工程。当工程规模大时，可将一个建筑物中具有独立施工条件的一部分划分为一个单位工程。

（2）堤防工程，按招标标段或工程结构划分单位工程。规模较大的交叉联结建筑物及管理设施以每座独立的建筑物为一个单位工程。

（3）引水（渠道）工程，按招标标段或工程结构划分单位工程。大、中型引水（渠道）建筑物以每座独立的建筑物为一个单位工程。

（4）除险加固工程，按招标标段或加固内容，并结合工程量划分单位工程。

3. 分部工程项目的划分原则

（1）枢纽工程，土建部分按设计的主要组成部分划分；金属结构及启闭机安装工程和机电设备安装工程按组合功能划分。

（2）堤防工程，按长度或功能划分。

（3）引水（渠道）工程中的河（渠）道按施工部署或长度划分。大、中型建筑物按工程结构主要组成部分划分。

（4）除险加固工程，按加固内容或部位划分。

（5）同一单位工程中，各个分部工程的工程量（或投资）不宜相差太大，每个单位工程中的分部工程数目，不宜少于5个。

4. 单元工程项目的划分原则

（1）按《水利水电基本建设工程单元工程质量等级评定标准（试行）》（SDJ 249.1—88，SL.38-92，SL239—1999）（以下简称《单元工程评定标准》）规定进行划分。

（2）河（渠）道开挖、填筑及衬砌单元工程划分界限宜设在变形缝或结构缝处，长度一般不大于100m。同一分部工程中各单元工程的工程量（或投资）不宜相差太大。

（3）《单元工程评定标准》中未涉及的单元工程可依据工程结构、施工部署或质量考核要求，按层、块、段进行划分。

5. 项目划分程序

（1）由项目法人组织监理、设计及施工等单位进行工程项目划分，并确定主要单位工程、主要分部工程、重要隐蔽单元工程和关键部位单元工程。项目法人在主体工程开工前应将项目划分表及说明书面报相应工程质量监督机构确认。

（2）工程质量监督机构收到项目划分书面报告后，应在14个工作日内对项目划分进行确认并将确认结果书面通知项目法人。

（3）工程实施过程中，需对单位工程、主要分部工程、重要隐蔽单元工程和关键部位单元工程的项目划分进行调整时，项目法人应重新报送工程质量监督机构确认。项目经理或小型项目负责人应掌握项目划分的程序，了解单位工程、分部工程的划分情况；在施工过程中要及时掌握其质量等级及质量情况。

6. 质量术语

（1）水利水电工程质量。工程满足国家和水利行业相关标准及合同约定要求的程度，在安全，功能、适用、外观及环境保护等方面的特性总和。

（2）质量检验。通过检查、量测、试验等方法，对工程质量特性进行的符合性评价。

（3）质量评定。将质量检验结果与国家和行业技术标准以及合同约定的质量标准所进行的比较活动。

（4）单位工程。具有独立发挥作用或独立施工条件的建筑物。

（5）分部工程。在一个建筑物内能组合发挥一种功能的建筑安装工程，是组成单位工程的部分。对单位工程安全、功能或效益起决定性作用的分部工程称为主要分部工程。

（6）单元工程。在分部工程中由几个工序（或工种）施工完成的最小综合体，是日常质量考核的基本单位。

（7）关键部位单元工程。对工程安全、效益或功能有显著影响的单元工程。

（8）重要隐蔽单元工程。主要建筑物的地基开挖、地下洞室开挖、地基防渗、加固处理和排水等隐蔽工程中，对工程安全或功能有严重影响的单元工程。

（9）主要建筑物及主要单位工程。主要建筑物，指其失事后将造成下游灾害或严重影响工程效益的建筑物，如堤坝、泄洪建筑物、输水建筑物、电站厂房及泵站等。属于主要建筑物的单位工程称为主要单位工程。

（10）中间产品。工程施工中使用的砂石骨料、石料、混凝土拌合物、砂浆拌合物、混凝土预制构件等土建类工程的成品及半成品。

（11）见证取样。在监理单位或项目法人监督下，由施工单位有关人员现场取样，并送到具有相应资质等级的工程质量检测单位进行的检测。

（12）外观质量。通过检查和必要的测量所反映的工程外表质量。

（13）质量事故。在水利水电工程建设过程中，由于建设管理、监理、勘测、设计、咨询、施工、材料、设备等原因造成工程质量不符合国家和行业相关标准以及合同约定的质量标准，影响工程使用寿命和对工程安全运行造成隐患和危害的事件。

（14）质量缺陷。对工程质量有影响，但小于一般质量事故的质量问题。

（二）水利工程施工质量检验要求

1. 基本规定

（1）承担工程检测业务的检测单位应具有水行政主管部门颁发的资质证书。其设备和人员的配备应与所承担的任务相适应，有健全的管理制度。

（2）工程施工质量检验中使用的计量器具、试验仪器仪表及设备应定期进行检定，并具备有效的检定证书。国家规定需强制检定的计量器具应经县级以上计量行政部门认定的计量检定机构或其授权设置的计量检定机构进行检定。

（3）检测人员应熟悉检测业务，了解被检测对象性质和所用仪器设备性能，经考核合格后，持证上岗。参与中间产品及混凝土（砂浆）试件质量资料复核的人员应具有工程师以上工程系列技术职称，并从事过相关试验工作。

（4）工程质量检验项目和数量应符合《单元工程评定标准》规定。

（5）工程质量检验方法，应符合《单元工程评定标准》和国家及行业现行技术标准的有关规定。

（6）工程质量检验数据应真实可靠，检验记录及签证应完整齐全。

（7）工程项目中如遇《单元工程评定标准》中尚未涉及的项目质量评定标准时，其质量标准及评定表格，由项目法人组织监理、设计及施工单位按水利部有关规定进行编制和报批。

（8）工程中永久性房屋、专用公路、专用铁路等项目的施工质量检验与评定可按相应行业标准执行。

（9）项目法人、监理、设计、施工和工程质量监督等单位根据工程建设需要，可委托具有相应资质等级的水利工程质量检测单位进行工程质量检测。施工单位自检性质的委托检测项目及数量，应按《单元工程评定标准》及施工合同约定执行。对已建工程质量有重大分歧时，应由项目法人委托第三方具有相应资质等级的质量检测单位进行检测，检测数量视需要确定，检测费用由责任方承担。

（10）堤防工程竣工验收前，项目法人应委托具有相应资质等级的质量检测单位进行抽样检测，工程质量抽检项目和数量由工程质量监督机构确定。

（11）对涉及工程结构安全的试块、试件及有关材料，应实行见证取样。见证取样资料由施工单位制备，记录应真实齐全，参与见证取样人员应在相关文件上签字。

（12）工程中出现检验不合格的项目时，应按以下规定进行处理：原材料、中间产品一次抽样检验不合格时，应及时对同一取样批次另取两倍数量进行检验，如仍不合格，则该批次原材料或中间产品应定为不合格，不得使用。单元（工序）工程质量不合格时，应按合同要求进行处理或返工重做，并经重新检验且合格后方可进行后续工程施工。

混凝土（砂浆）试件抽样检验不合格时，应委托具有相应资质等级的质量检测单位对相应工程部位进行检验。如仍不合格，应由项目法人组织有关单位进行研究，并提出处理意见。工程完工后的质量抽检不合格，或其他检验不合格的工程，应按有关规定进行处理，合格后才能进行验收或后续工程施工。

2. 质量检验职责范围

（1）项目部应依据工程设计要求、施工技术标准和合同约定，结合《单元工程评定标准》的规定确定检验项目及数量并进行自检，自检过程应有书面记录，同时结合自检情况如实填写质量评定表，评定表的格式可按安徽省地方标准《安徽省水利工程施工质量评定标准》（DB 34/371—2003）执行。

（2）监理单位应根据《单元工程评定标准》和抽样检测结果复核工程质量。其平行检测和跟踪检测的数量按《水利工程建设项目施工监理规范》（SL 288—2003）或合同约定执行。

（3）法人应对施工单位自检和监理单位抽检过程进行督促检查，对报工程质量监督机构核备、核定的工程质量等级进行认定。

（4）工程质量监督机构应对项目法人、监理、勘测，设计、施工单位以及工程其他参建单位的质量行为和工程实物质量进行监督检查。检查结果应按有关规定及时公布，并书面通知有关单位。

（5）临时工程质量检验及评定标准，应由项目法人组织监理、设计及施工等单位根据工程特点，参照《单元工程评定标准》和其他相关标准确定，并报相应的工程质量监督机构核备。

3. 质量检验内容

（1）质量检验包括施工准备检查，原材料与中间产品质量检验，水工金属结构、启闭机及机电产品质量检查，单元（工序）工程质量检验，质量事故检查和质量缺陷备案，工程外观质量检验等。

（2）主体工程开工前，施工单位应组织人员进行施工准备检查，并经项目法人或监理单位确认合格且履行相关手续后，才能进行主体工程施工。

（3）项目部应按《单元工程评定标准》及有关技术标准对水泥、钢材等原材料与中间产品质量进行检验，并报监理单位复核。不合格产品不得使用。

（4）水工金属结构、启闭机及机电产品进场后，有关单位应按有关合同进行交货检查和验收。安装前，施工单位应检查产品是否有出厂合格证、设备安装说明书及有关技术文件，对在运输和存放过程中发生的变形、受潮、损坏等问题应做好记录，并进行妥善处理。无出厂合格证或不符合质量标准的产品不得用于工程中。

（5）项目部应按《单元工程评定标准》检验工序及单元工程质量，做好书面记录，在自检合格后，填写《水利水电工程施工质量评定表》报监理单位复核。监理单位根据抽检资料核定单元（工序）工程质量等级。发现不合格单元（工序）工程，应要求项目部及时进行处理，合格后才能进行后续工程施工。对施工中的质量缺陷应书面记录备案，进行必要的统计分析，并在相应单元（工序）工程质量评定表“评定意见”栏内注明。

（6）项目部应及时将原材料、中间产品及单元（工序）工程质量检验结果报监理单位复核。并应按月将施工质量情况报送监理单位。由监理单位汇总分析后报项目法人和工程质量监督机构。

（7）单位工程完工后，项目法人应组织监理、设计、施工及工程运行管理等单位组成工程外观质量评定组，现场进行工程外观质量检验评定，并将评定结论报工程质量监督机构核定。参加工程外观质量评定的人员应具有工程师以上技术职称或相应执业资格。评定组人数应不少于5人，大型工程不宜少于7人。

二、水利工程施工质量评定的基本要求

水利工程施工质量等级评定的主要依据有：

1. 国家及相关行业技术标准；

2.《单元工程评定标准》；

3. 经批准的设计文件、施工图纸、金属结构设计图样与技术条件、设计修改通知书、厂家提供的设备安装说明书及有关技术文件；

4. 工程承发包合同中约定的技术标准；

5. 工程施工期及试运行期的试验和观测分析成果。

《水利水电工程施工质量检验与评定规程》（SL 176—2007）规定水利工程质量等级分为“合格”和“优良”两级。合格标准是工程验收标准，优良等级是为工程项目质量创优而设置的。

（一）合格标准

1. 单元工程施工质量合格标准

单元（工序）工程施工质量合格标准应按照《单元工程评定标准》或合同约定的合格标准执行。

当达不到合格标准时，应及时处理。处理后的质量等级应按下列规定重新确定：

（1）全部返工重做的，可重新评定质量等级。

（2）经加固补强并经设计和监理单位鉴定能达到设计要求时，其质量评为合格。

（3）处理后的工程部分质量指标仍达不到设计要求时，经设计复核，项目法人及监理单位确认能满足安全和使用功能要求，可不再进行处理；或经加固补强后，改变了外形尺寸或造成工程永久性缺陷的，经项目法人、监理及设计单位确认能基本满足设计要求，其质量可定为合格，但应按规定进行质量缺陷备案。

2. 分部工程施工质量合格标准

（1）所含单元工程的质量全部合格。质量事故及质量缺陷已按要求处理，并经检验合格；

（2）原材料、中间产品及混凝土（砂浆）试件质量全部合格，金属结构及启闭机制造质量合格，机电产品质量合格。

3. 单位工程施工质量合格标准

（1）所含分部工程质量全部合格；

（2）质量事故已按要求进行处理；

（3）工程外观质量得分率达到 70% 以上；

（4）单位工程施工质量检验与评定资料基本齐全；

（5）工程施工期及试运行期，单位工程观测资料分析结果符合国家和行业技术标准以及合同约定的标准要求。

4. 工程项目施工质量合格标准

（1）单位工程质量全部合格；

（2）工程施工期及试运行期，各单位工程观测资料分析结果均符合国家和行业技术标准以及合同约定的标准要求。

（二）优良标准

1. 单元工程施工质量优良标准

单元工程施工质量优良标准应按照《单元工程评定标准》以及合同约定的优良标准执行。全部返工重做的单元工程，经检验达到优良标准时，可评为优良等级。

2. 分部工程施工质量优良标准

（1）所含单元工程质量全部合格，其中 70% 以上达到优良等级，重要隐蔽单元工程和关键部位单元工程质量优良率达 90% 以上，且未发生过质量事故；

（2）中间产品质量全部合格。混凝土（砂浆）试件质量达到优良等级（当试件组数小于 30 时，试件质量合格），原材料质量、金属结构及启闭机制造质量合格，机电产品质量合格。

3. 单位工程施工质量优良标准

（1）所含分部工程质量全部合格。其中 70% 以上达到优良等级，主要分部工程质量全部优良，且施工中未发生过较大质量事故；

（2）质量事故已按要求进行处理；

（3）外观质量得分率达到 85% 以上；

（4）单位工程施工质量检验与评定资料齐全；

（5）工程施工期及试运行期，单位工程观测资料分析结果符合国家和行业技术标准以及合同约定的标准要求。

4. 工程项目施工质量优良标准

（1）单位工程质量全部合格，其中 70% 以上单位工程质量达到优良等级，且主要单位工程质量全部优良。

（2）工程施工期及试运行期，各单位工程观测资料分析结果均符合国家和行业技术标准以及合同约定的标准要求。

（三）质量评定工作的组织与管理

1. 单元（工序）工程质量在项目部自评合格后，应报监理单位复核，由监理工程师核定质量等级并签证认可。

2. 重要隐蔽单元工程及关键部位单元工程质量经项目部自评合格、监理单位抽检后，由项目法人（或委托监理）、监理、设计、施工、工程运行管理（施工阶段已经有时）等单位组成联合小组，共同检查核定其质量等级并填写签证表，报工程质量监督机构核备。

3. 分部工程质量，在项目部自评合格后，由监理单位复核，项目法人认定。分部工程验收的质量结论由项目法人报工程质量监督机构核备。大型枢纽工程主要建筑物的分部工程验收的质量结论由项目法人报工程质量监督机构核定。

4. 单位工程质量，在项目部自评合格后，由监理单位复核，项目法人认定。单位工程验收的质量结论由项目法人报工程质量监督机构核定。

5. 工程项目质量，在单位工程质量评定合格后，由监理单位进行统计并评定工程项目质量等级，经项目法人认定后，报工程质量监督机构核定。

6. 阶段验收前，工程质量监督机构应提交工程质量评价意见。

7. 工程质量监督机构应按有关规定在工程竣工验收前提交工程质量监督报告，工程质量监督报告应有工程质量是否合格的明确结论。

（四）水利水电工程单元工程质量等级评定标准

根据《水利水电工程施工质量检验与评定规程》（SL 176—2007），《水利水电基本建设工程单元工程质量等级评定标准》是单元工程质量等级标准，现行《水利水电基本建设工程单元工程质量等级评定标准》主要有以下几个方面：

1.《水工建筑工程》（SDJ 249.1-88）；

2.《金属结构及启闭机械安装工程》（SDJ 249.2-88）；

3.《水轮发电机组安装工程》（SDJ 249.3-88）；

4.《水力机械辅助设备安装工程》（SDJ 249.4-88）；

5.《发电电气设备安装工程》（SDJ241.5-88）；

6.《升压变电电气设备安装工程》（SDJ249.6-88）；

7.《碾压式土石坝和浆砌石坝工程》（SL 38-92）；

8.《堤防施工质量评定与验收规程（试行）》（SL 239-1999）。

其他相关项目参照建筑工程、交通工程等质量标准执行：

（1）《建筑工程施工质量验收一标准》（GB 50300-2001）；

（2）《砌体工程施工质量验收规范》（GB 50203—2002）；

（3）《混凝土结构工程施工质量验收规范》（GB 50204—2002）；

（4）《屋面工程质量验收规范》（GB 50207—2002）；

（5）《建筑地面工程施工质量验收规范》（GB 50209—2002）；

（6）《建筑装饰装修工程施工质量验收规范》（GB 50210—2001）；

（7）《公路工程质量检验评定标准土建工程》（JTGF 80/1—2004）；

（8）《公路工程质量检验评定标准机电工程》（JTGF 80/2—2004）。

第三节 安全管理

建筑行业安全生产在当前的形势下是国家、社会、主管部门、业主、企业、项目部、监理和家庭等全员关注的问题，和其他目标相比更是没有弹性的目标，而建筑行业又是安全事故的高危行业之一；同时，安全问题具有瞬间发生并且是不可逆转和补救的特性，因此，项目实施过程中安全问题始终是最焦点问题，理论上谁都知道不容有任何麻痹和疏忽，而现实工作中偏偏安全问题往往是说得最多落实到位的又可能最少的，使安全生产工作始终难以摆脱“最被人人挂在嘴边的问题又最被大部分人忽视，最值得抓的问题又最没投入精力，最念念不忘的问题又念后就忘，最不应该出现问题的时候就偏偏发生事故”这样一个怪圈。现在媒体的嗅觉相当发达，国家对各种安全事故的曝光率和透明度逐步提升，只要关注媒体的人都知道，在国家如此加大力度预防安全生产事故发生的今天，各类安全事故还是层出不穷、屡禁不止。究其原因实际很简单，根源不外乎安全与效益是矛盾的双方，侥幸心理和说说就行代替了落实和行动。“事前不真管，事后真后悔”是不少管理者出现安全事故后的切身体会。抓好安全生产工作是每个企业和项目部应该时时、事事不松懈的持续工作。在此愿我们水利建设行业各级管理者能充分重视安全生产工作的落实和行动，在所有建筑领域第一个走出“怪圈”。

一、安全管理的目的和任务

工程施工项目安全管理的目的是最大限度地保护生产者的人身安全，控制影响工作场所内员工、临时工作人员、合同方人员、访问者和其他有关部门进入现场人员安全的条件和因素，考虑和避免因使用不当对使用者造成的安全危害。

安全管理的任务是建筑生产企业为达到建筑工程施工过程中安全的目的，指挥、协调、控制和组织全体员工安全生产的活动，包括制订、实施、实现、评审和保持安全方针所需的组织机构、计划活动、职责、惯例、程序、过程和资源。不同的企业根据自身的实际情况制定相应方针，并围绕实施、实现、评审、保持、改进等建立健全组织机构、策划活动，明确职责、遵守有关法律法规和惯例编制程序控制文件，实行全过程、全方位控制并提供充足的人员、设备、资金和信息资源等。

二、工程施工项目安全管理的特点

1. 工程项目的固定性和生产的流动性及受外部环境影响因素多等特性，决定了职业安全管理的复杂性

（1）工程项目生产过程中生产人员、工具与设备的流动性，主要表现为：

1）同一工地不同工序之间的流动；

2）同一工序不同工程部位上的流动；

3）同一部位不同时间段上的流动；

4）一个工程项目完成后，又要向另一新项目动迁的流动。

（2）工程项目受不同外部环境影响的因素多，主要表现为：

1）露天作业多；

2）气候条件变化的影响；

3）工程地质和水文条件的变化；

4）地理条件和地域资源的影响；

5）人员复杂语言交流障碍的影响。

由于生产人员、工具和设备的交叉和流动作业，受不同外部环境的影响因素多，使安全管理很复杂，稍有考虑不周就会出现问题。

2. 工程项目的多样性和生产的单件性决定了安全管理的多样性

工程项目的多样性决定了生产的单件性。每一个工程项目都要根据其特定要求进行施工，主要表现是：

（1）不能按同一图纸、同一施工工艺、同一生产设备进行批量重复生产；

（2）施工生产组织及机构变动频繁，生产经营的“一次性”特征特别突出；

（3）生产过程中试验性研究课题多，所碰到的新技术、新工艺、新设备、新材料给安全管理带来不少难题；

（4）即使采用同样的技术方案、相同的设备、一样的工艺，由于人员的改变又需要时间磨合，带来安全隐患。

因此，对于每个工程施工项目都要根据其实际情况，制订安全管理计划，不可相互套用。

3. 施工生产过程的连续性和分工性决定了安全管理的协调性

工程项目施工不能像其他许多工业产品一样可以分解为若干部分同时生产，而必须在同一个固定场地按严格程序连续生产，上一道程序不完成，下一道程序不能进行，上一道工序生产的结果往往会被下一道工序所掩盖，而且每一道程序由不同的人员和部门来完成。因此，在安全管理中要求各部门和各专业人员横向配合和协调，共同注意施工生产过程接口部分的安全管理的协调性。

4. 工程项目的委托性决定了安全管理的不符合性

工程项目在建造前就确定了买主，按建设单位特定的要求委托进行生产建造。而建设工程市场在供大于求的情况下，业主经常会压低标价，造成产品的生产单位对安全管理费用投入的减少，不符合安全管理有关规定的现象时有发生。这就要建设单位和生产组织都必须重视对安全生产费用的投入，不可不符合安全管理的要求。

三、安全管理组织机构的建立

建立健全安全生产管理组织机构是安全生产有序推进的根本保证。项目部安全管理组织机构在项目部安全生产的管理中是一项最基本也是最重要的工作。安全的重要性人人都明白，但是现实生活中安全事故又频频发生，项目部要保证施工过程中不发生安全问题，必须建立安全生产管理组织机构，统一制定该项目的安全目标、安全措施、检查制度、考核办法、宣传教育等。

安全管理组织机构的设置总体上要遵守《中华人民共和国安全生产法》的规定，按照法律规定，安全管理组织机构设置具体到一个工程项目上有四层内容：

1. 项目第一责任人（项目经理）同时也是安全生产第一责任人，负责安全生产工作重大问题的组织研究和决策；

2. 主管生产的项目副经理和主管技术的总工程师是安全生产的主要负责人，具体负责安全生产管理工作；

3. 项目安全职能部门负责日常安全生产工作的管理和监督；

4. 全员参与。

按照上述要求，项目部安全管理组织机构的设立一般是：

（1）成立以项目经理为首的安全生产和文明施工领导小组，具体负责施工期间的安全工作和文明工作。

（2）项目副经理、总工程师作为项目安全管理主要负责人，具体负责安全生产管理工作。

（3）安全科或安全办公室，具体负责项目部安全生产日常管理和监督工作，负责安全生产交底工作。

（4）各科室和工段负责人作为小组主要成员，共同肩负安全和文明工作。

（5）设立专职安全员并经培训合格后持证上岗，专门负责项目施工过程中的安全工作，只要现场有作业人员，专职安全员就必须跟班执勤。专职安全员在工序开工前应提前检查工程环境及设施情况，确认安全后方可进行工序施工。

（6）各科室及工段设兼职安全员，具体负责本科室及工段的安全生产预防和检查工作，各作业班组的组长兼本班组安全检查员，具体负责本班组的安全生产检查工作。

（7）项目部应定期召开安全生产工作会议，总结前段安全工作情况，布置和落实下一阶段安全生产工作，利用业余时间和风雨误工时间，举办安全生产培训和教育工作，项目部班子成员和专职安全员从不同方面讲解安全知识和安全生产的重要性，增强全员安全警觉意识，把安全生产工作真正落实在预防阶段，同时，根据工程的具体情况，项目部可以把不安全因素和防范措施编制成小册子发到各科室及工段，使所有参建人员随时了解有关情况。

（8）严格按国家有关规定在施工现场设置安全警示标牌，在不安全因素部位设立或悬挂警示标志，严格进场人员必须佩戴安全帽的检查工作，严格高空作业必须佩戴安全带的检查工作，严格持证上岗制度落实工作，严格风雨天气禁止高空作业工作，严格施工设备专人使用制度，严禁在场内乱拉乱扯用电线路，严禁非电工人员操作电工工作。

（9）安全生产工作要与文明施工和现场管理工作同时进行，防止因脏乱差等产生安全隐患，工地防风、防雨、防火、防盗、防疾病等预防措施要健全，每个具体方面都有专人负责，确保各项措施能及时得到实施。

（10）完善安全生产和文明施工考核制度，推行安全一票否决制度，推行安全生产互相监督制度，提高自检自查意识，鼓励科室（工段）及班组内部进行经验交流和批评与自我批评等丰富多样的安全教育及交流活动。

（11）对构件和设备吊装、爆破、高空作业，拆除、上下交叉作业、夜间作业、疲劳作业、带电作业、汛期施工、地下施工、脚手架搭拆等重要安全环节，必须在开工前进行技术交底的同时进行安全交底及联合检查，确认安全后方可开工；开工过程中要加强安全员的执勤工作，加强专职指挥协调工作，严禁出现乱指挥。

四、安全技术措施计划及其实施

1. 工程施工安全技术措施计划

（1）工程施工安全技术措施计划的主要内容包括：工程概况，控制目标，控制程序，组织机构，职责权限，规章制度，资源配置，安全措施，检查评价，奖惩制度等。

（2）编制施工安全技术措施计划时，对某些特殊情况应考虑：

1）对结构复杂、施工难度大、专业性较强的工程项目，除制定项目总体安全保证计划外，还必须制定单位工程或分部分项工程的安全技术措施；

2）对高处作业、井下作业等专业性强的作业，电器、压力容器等特殊工种作业，应制定单项安全技术规程，并应对管理人员和操作人员的安全作业资格和身体状况进行合格检查。

（3）制定和完善施工安全操作规程，编制各施工工种，特别是危险性较大工种的安全施工操作要求，作为规范和检查考核员工安全生产行为的依据。

（4）施工安全技术措施：施工安全技术措施包括安全防护设施的设置和安全预防措施，主要有以下方面的内容，如防火、防毒、防爆、防洪、防尘、防雷击、防触电、防坍塌、防物体打击、防机械伤害、防起重设备滑落、防高空坠落、防交通事故、防寒、防暑、防疫、防环境污染等。

2. 施工安全技术措施计划的实施

（1）建立安全生产责任制是施工安全技术措施计划实施的重要保证。安全生产责任制是指企业对项目经理部各级领导、各个部门、各类人员所规定的在他们各自职责范围内对安全生产应负责任的制度。

（2）安全教育的要求如下：

1）广泛开展安全生产的宣传教育，使全体员工真正认识到安全生产的重要性和必要性，懂得安全生产和文明施工的科学知识，牢固树立安全第一的思想，自觉地遵守各项安全生产法律法规和规章制度。

2）把安全知识、安全技能、设备性能、操作规程、安全法规等作为安全教育的主要内容。

3）建立经常性的安全教育考核制度，考核成绩要记入员工档案。

4）电工、电焊工、架子工、司炉工、爆破工、机操工、起重工、机械司机、机动车辆司机等特殊工种工人，除一般安全教育外，还要经过专业安全技能培训，经考试合格持证后，方可独立操作。

5）采用新技术、新工艺、新设备施工和调换工作岗位时，也要进行安全教育，未经安全教育培训的人员不得上岗操作。

（3）安全技术交底

1）安全技术交底的基本要求

项目经理部必须实行逐级安全技术交底制度，纵向延伸到班组全体作业人员；技术交底必须具体、明确，针对性强；技术交底的内容应针对分部分项工程施工中给作业人员带来的潜在危害和存在问题；应优先采用新的安全技术措施；应将工程概况、施工方法、施工程序、安全技术措施等向工长、班组长进行详细交底；定期向由两个以上作业队和多工种进行交叉施工的作业队伍进行书面交底；保持书面安全技术交底签字记录。

2）安全技术交底的主要内容

本工程项目的施工作业特点和危险点；针对危险点的具体预防措施；应注意的安全事项；相应的安全操作规程和标准；发生事故后应及时采取的避难和急救措施。

第四节　资源管理

一、人力资源组织

任何工作要确保顺利进行都必须首先解决人的问题，解决不好人的问题，其他什么都免谈。人力资源组织与管理的好坏是工程项目实施能否成功和是否顺利的关键，没有充分的人力资源组织及管理工作就没有项目的成功实施。因此，对于水利工程项目施工管理来说人力资源的组织与管理至关重要。什么工作都是由人做的，没有人就没有一切，而有了人也未必就能干好一切，主要看如何组织和管理好人。由此说明，组织和管理好人是成功的首要条件，是决定成败的基础和关键。作为项目部来说，人力资源是多方面和多样化的，既有管理人员，又有专业技术人员，既有职工又有民技工，既有固定人员又有临时人员，既有现场人员又有后勤供应人员，既有业主、监理等责任关系人员又有材料、设备、劳务等利益合作关系人员等，所有这些复杂的人员共同组成完成工程项目的群体，要充分组织和管理好这样的混杂群体，其难易程度不言而喻。而上述群体中，起纽带和协调作用的关键人员就是项目经理，作为项目的主要责任人，项目经理要把项目实施好就必须面对这样的群体人际关系并要组织和处理好，否则，就不可能实施好项目。由此说明，项目的成败如果落实到个人身上的话那毫无疑问就是项目经理。因此，在众多的人力资源中，如何挑选一个合格的项目经理又是关键中的关键。随着上级主管部门和业主对工程项目管理和监督力度的逐步加强，投标时一套班子中标后又换一套班子的情况几乎已经成为历史或将成为历史，因此，为了避免中标后更换主要人员带来的麻烦和困难，企业在投标时就必须根据项目的具体情况，选定合适的、中标后能出任的项目经理及总工程师等主要管理和技术人员，同时，对各职能部门和各专业工种等人力资源也应该有比较明确的，针对性地选择和安排，否则，一旦中标将给企业在人力资源组织上带来很大被动和不利。因此，企业在投标一个工程项目时，应按照以下程序组织人力资源：

1. 首先挑选适合本项目施工的项目经理；

2. 充分参考项目经理的意见配备能够友好协商相处、有组织管理实践经验、懂生产调度的项目副经理和真正能理解该项目设计意图和熟悉施工方法和工艺技术的项目总工程师；

3. 根据项目设计要求和施工管理需要设置适合该工程项目的组织机构并由项目经理、副经理、总工程师为主选择各职能部门负责人；

4. 由各职能部门负责人为主选择各部门工作人员，由项目经理和副经理、总工程师等选择适合该项目施工的劳务队伍，并与该劳务队伍联系落实是否有满足该项目施工要求的各种民技工；

5. 如果中标，应由副经理和总工程师牵头，有关职能部门参与落实主要永久材料供应商、周转材料供应商、当地施工设备供应商等；

6. 如果中标，在正式进场前项目经理等主要管理和技术人员应及时组织一次与业主和监理工程师见面的非正式交谈活动，以尽早了解业主和监理工程师对项目部的建议和想法。

按照上述人员的组织程序组织人力资源，对一般的工程施工项目来说就不会出现大的问题，项目的实施也就会有基本保障。就水利工程施工项目人力资源组织时可参考以下组织原则选择相关人员：

（1）项目经理的人选是第一位的。第一，项目经理要具备一定的专业技术知识和经验，懂得该工程施工的程序、方法和工艺；第二，最好是亲自主管过类似工程或参加过类似工程的管理，对工程的组织和管理程序比较了解，有一定的管理经验和社交能力；第三，有组织能力和协调能力，对工程当地的风俗习惯相对了解，在职工中有相当的威信；第四，为人正直、品德良好、做事公正、顾全大局、言行有度、应变力强、作风顽强、不搞任人唯亲；第五，有责任心和事业心，为人诚实，关心职工，团结他人，组织观念强，有一定的凝聚力，工作踏实，处事稳重，既有主见又善于听取别人的意见；第六，遇事不慌，应对突发事件能力强，不随便撂挑子，敢于面对不正之风而加以管理和纠正，敢于承担责任，在关键时刻敢于冲在最前面；第七，不搞专权，不讲享受，不专横跋扈，对内与职工和民技工和睦相处融为一体，对外不亢不卑处事有度，协调有方，懂得尊重他人并能获得他人尊重，有充分的话语权。

（2）技术负责人（项目总工程师）的人选是第二位的。第一，业务熟练，全面，有类似工程专业技术及管理经验；第二，有事业心和责任感，在技术人员和各工段间有一定的权威性和影响力；第三，有一定的社交能力和协调能力，工作细致有序，脑勤、嘴勤，腿勤、手勤；第四，善于团结，尊重上级，关心下属，懂得资料整理及档案管理知识，懂得各工序及各分部分项工程施工方法和质量控制措施，懂得成本控制及计量支付业务，熟悉计量支付程序和各项工程验收程序，对设计图纸资料理解能力强，有一定口才和交谈技巧，能以不同方式完成好技术交底工作；第五，能充分协调好各工种、科室有关技术和专业人员的配合工作，起到穿针引线的作用，有一定的判断和决策能力，对有争议的施工技术和工艺有自己的见解和主导意见，关键时刻能果断决策；第六，工作认真细致，作风顽强，生活朴素，为人诚实，善于尊重他人，有传帮带风格，甘心为项目经理做好技术和管理的帮手及顾问。

（3）项目副经理的人选是第三位的。该人选除了具有项目经理的某些条件外，现场组织和内部协调能力是其必备的，最主要的是其道德素质和为人水平，不拉帮结派，尊重项目经理和技术负责人，处事圆滑，上传下达能力强，调度指挥水平高，质量和安全意识强，有实践经验和协调、指挥、组织能力，处事原则性强，懂一定业务知识，善于和项目经理及总工程师团结协作，集体观念强，对项目各阶段的人力资源、材料资源和设备资源等有需求和调整思路，对各工段或班组及民技工有原则，有分寸，一视同仁，关键时刻能调度项目各工种和班组及民技工不计较报酬先把工作完成，并对完成的临时工作或计日工等随时进行记录并给予合理报酬，不会无原则行事。

（4）财务科。财务科是整个项目资金管理的中心和对内对外结算的窗口，也是项目资金使用监管的部门，因此，不管大小项目，均必须在现场设置财务科，以确保资金的正常回笼和流动，保证项目的正常运转。大的项目可以派出两名及以上专职财务人员组成财务科，分别管理计量支付、材料设备、人员工资、出纳等；中小型工程最好出纳和记账分开由两人管理，特别小的项目，为了减少人员工资，项目上可只派一名出纳，账目由总部财务人员监管，定期到项目上处理，尽量避免记账和出纳一人兼的情况。财务科不管几名人员都必须在项目经理的领导下进行资金收入和支出，尤其资金支出只能由项目经理一人签字，同时，财务科应根据财务法和企业财务管理规定制定有关项目财务制度。

（5）工程技术科。工程技术科是项目的技术控制和实施中心，该科的直接领导是项目总工程师。该科的设置必须结合该项目的结构情况和工程特点挑选有一定业务经验的人员，以便分工指导和管理各职能部门和工段，在施工前，该科应针对设计要求，主动商讨和拟定技术实施方案和质量保证措施，一旦实施方案被批准，施工过程中应做到标准统一、要求统一、指标统一、方法统一，未经项目总工程师同意，不得随意变更方案。同时，该科室是基础或隐蔽工程及混凝土浇筑、钢筋绑扎、立模以及土石方开挖和回填等昼夜施工项目现场主要技术指导和控制科，现场值班人员数量要保证。同时，在总工程师的带领下积极做好技术交底工作、资料收集整理工作、验收技术资料签证和竣工资料的准备整理等。

（6）质量检查科。该科室主要负责工程项目的质量控制，是确保项目施工质量的主管部门，因此，人员要精，责任心要强，业务要熟练，工作作风要泼辣，原则性要强，规范和标准要熟，设计要求要清楚，同时跟班作业要到位。质量检查科作为项目重要的业务科室，同样直接受技术负责人的领导，同时，与技术科、测量科和试验检测科要进行不间断的技术和业务沟通。质量检查人员必须时刻跟踪各工艺、各工序、各部位的施工，并按质检程序经检查后真实填写有关资料并报监理工程师检查。因此，质检人员要熟悉质检程序和要求，对质量不能徇私舞弊。

二、人力资源管理

1. 进场前的管理工作

（1）组织召开项目部全体职工会议

人员确定后立即组织召开项目部全体职工会议，宣布项目部班子成员名单及分工、组织机构设置及各部门负责人名单，介绍工程概况，介绍主要施工方法，讲述质量标准和工期计划，通告项目部组织管理思路，分配近期工作任务。

（2）审核投标文件技术方案，核对投标文件工程量

规划现场临时工程布置技术负责人安排技术科和质量检查科人员详细研究投标文件施工技术方案是否可行，并对其进行可行性修改和补充，形成以后具体的实施方案；安排预算人员对照招标文件和设计图纸一一查对投标文件工程量清单是否准确，发现问题详细记录。

（3）统计材料用量，统计机电设备数量，编排采购供应计划

安排技术人员根据工程量及混合物各料物配合比例计算各种材料理论用量，加入常规消耗量制出材料实际用量表，安排机电设备和金属结构科统计设备数量并制出设备数量表。根据上述实际材料用量和设备数量，结合投标文件工期安排编排材料采供和设备供应计划。

（4）落实施工机械设备和仪器，编排调拨计划

安排机电设备科和测量及试验人员分头落实项目部拟使用的施工设备和试验、检测，测量仪器，详细掌握各种设备仪器具体存放或使用地点、状况、检测期限等，各方面人员将了解的情况汇总后，根据投标文件工期情况编制施工设备和仪器调拨计划。

（5）落实施工队伍，组织劳务人员

项目经理重点要落实施工队伍和劳务人员，包括与业主联系沟通确定他们有无安排当地施工队伍的情况，如果有应及时通知有关队伍到企业详谈，如果没有应尽量从合作过或了解的队伍中挑选并立即谈判，如果必须选择新队伍，应起码掌握三家以上的信息，分析后有重点地实地考察其施工业绩、施工经验、管理水平、施工设备、安全生产、队伍信誉、工人素质、合作精神、服从管理等情况，经综合分析后确定并签订详细的合作协议；对劳务人员，也是先从使用过的或熟悉的公司中挑选，对新的劳务公司同样要实地考察，考察内容基本与考察施工队伍相同，确定后签订详细的合作协议。在此说的选择施工队伍和劳务人员并不矛盾，施工队伍是指可以独立分包、有一定施工设备和管理经验的分包商，劳务人员是指仅承担劳务输出的公司，工程量大或技术比较复杂的工程可能同时需要分包施工队伍和劳务人员，工程量小或技术比较简单的工程可能只需要其中之一即可，实际工作中根据具体需要确定。

（6）预测项目成本

项目经理和总工带头组织有关部门骨干人员详细预测该工程项目有可能发生的实际工程成本。工程成本的测算必须结合具体的施工方案、工程量、施工方法、工期、人员情况、劳务工资、施工计划、内外协调、采购和供应计划、装运卸及仓管、材料价格及供应条件、设备订购及供应、现场管理、设备使用及调拨、后勤供应及管理、临时工程搭拆、验收、水电、办公、安全及消防设施、卫生管理、突发事件处理、关系协调、安全度汛、特殊季节施工、抢工、招待、资料、上缴、税金、管理人员工资及奖金、审计和结算、不可预见等与该工程施工过程有关的全部直接费用和间接费用。成本测算应遵循：预测力求切合实际，费用项目尽量全面，估测数量尽量准确，额外费用尽量节俭等。所以，项目部在预测项目成本时务实是根本原则。

（7）签订项目部承包协议

在企业有关部门将项目成本预测出来后，企业和项目部应及时交流沟通双方测算情况，尽量心平气和地听取对方的测算方法和结算结果，对差距过大之处发表自己的意见，在先将成本项目、数量、实施方法、实施工艺、时间限定等主要决定因素达成共识后，仔细计算费用情况，最终定出双方均比较满意的数额，至此，双方签订承包协议进入履行阶段。

2. 进场后的管理工作

人员应根据前期准备阶段制定的人员进场计划分批进场，施工过程中根据工程实际进度预先研究人员调配及组合，在部分项目完工后计划收尾工作，考虑该部分人员交接后及时退场。

（1）人员进场计划制定的必要性

人员进场计划对单纯的土石方开挖和回填工程来说比较简单，在临时管理工程建成后具备开工临时工程和永久工程的条件时一般即可全部进驻工地，以便各自按分工职责完成自己的任务。在此谈的人员进场计划是指结构物工程的人员计划，相对土石方工程稍微复杂一些。制定人员进场计划的主要目的是降低成本、利用优势、有序进退。因为，任何施工企业一般都有外业施工补助和加班、加点、绩效等费用，施工队伍和劳务人员提前进场也必须支付相应的工资，最起码应支付误工补贴，对大型水利工程而言，这笔费用不是一个小数目，应引起项目部管理人员的重视。

（2）人员进场计划的实施

人员进场计划的实施主要由项目副经理和总工程师等先商定意见，报项目经理同意后由项目副经理负责执行并落实，办公室、司务科负责安排食宿，财务科负责进场人员生活费发放和差旅费报销等，各科室、工段负责本部门人员的接待及现场情况介绍；对新来的施工队伍，则由技术科负责现场介绍；劳务工人由工段负责人负责介绍各自工段情况及现场情况并按照事先确定的临时工程布置和计划安排进场人员食宿。

（3）工程施工过程中的人员调配及组合

虽然每个工程项目部都根据具体工程情况设立了独立的职能部门和组织机构，施工队伍和劳务工人也是根据其承包任务和特长进行了界定和划分，但是，随着工程各部位的陆续开工，各职能部门和施工队伍以及劳务工人的分工界限必然会被打破，既有分工又有合作成为项目部根本的人员组织形式，所以，分工只是相对的，合作才是真正意义上的分工。项目经理和班子成员应充分组织和协调好每一个阶段的人员调配和组合，切不可被所谓“专业、专职”观念所左右，目前的项目管理已经做到了一人多岗、一技多能。对常规的施工程序可以说已经成为现实，尤其是一些中小型企业，由于受管理人员和技术力量的限制，三五个人就承担一个项目的情况普遍存在，单就这一点来说，中小型企业比大型企业确实锻炼人，综合能力强、各种工作都不陌生，敢干、胆子大、不怕承担责任；而大型企业因为各种各样的人才比较多，分工明晰，专业性、专职性强，把着自己的工作干好互相不掺和别人的事，久而久之使职工养成业务专一、工作具体、怕担责任、好自为之的工作习惯，往往一个中小型项目也要组建一个臃肿的庞大机构，只要工程量清单中有的项目所有的工种人员一应俱全独立承担各自的任务，可能这就是在中小型项目中，大型企业竞争不过中小型企业的原因之一。

第五节　文明施工及环保管理

一、文明施工与环境保护的概念及意义

1. 文明施工与环境保护的概念

（1）文明施工是指在工程项目施工过程中始终保持施工现场良好的作业环境、卫生环境和工作秩序。文明施工主要包括以下几个方面的工作：

1）规范施工现场的场容，达到并长久保持作业环境整洁卫生。

2）科学组织施工，使生产有秩有序进行。

3）尽量减少因施工对当地居民、过路车辆和人员及周边环境的影响。

4）保证职工的安全和身体健康。

（2）环境保护是按照法律法规、各级主管部门和企业的要求，保护和改善作业现场的环境，控制现场的各种粉尘、废水、废气、固体废弃物、噪声、振动等对环境的污染和危害。环境保护也是文明施工的重要内容之一。

2. 文明施工的意义

（1）文明施工能促进企业综合管理水平的提高。保持良好的作业环境和秩序，对

促进安全生产、加快施工进度、保证工程质量、降低工程成本、提高经济和社会效益有较大作用。文明施工涉及人、财、物各个方面，贯穿于施工全过程中，体现了企业在工程项目施工现场的综合管理水平，也是项目部人员管理素质的充分反映。

（2）文明施工是适应现代化施工的客观要求。现代化施工更需要采用先进的技术、工艺、材料、设备和科学的施工方案，需要严密组织、严格要求、标准化管理和较好的职工素质等。文明施工能适应现代化施工的要求，是实现优质、高效、低耗、安全、清洁、卫生的有效手段。

（3）文明施工代表企业的形象。良好的施工环境与施工秩序，能赢得社会的支持和信赖，提高企业的知名度和市场竞争力。

（4）文明施工有利于员工的身心健康，有利于培养和提高施工队伍的整体素质。文明施工可以提高职工队伍的文化、技术和思想素质，培养尊重科学、遵守纪律、团结协作的大生产意识，促进企业精神文明建设，从而促进施工队伍整体素质的提高。

3. 现场环境保护的意义

（1）保护和改善施工环境是保证人们身体健康和社会文明的需要。采取专项措施防止粉尘、噪声和水源污染，保护好作业现场及其周围的环境是保证职工和相关人员身体健康、体现社会总体文明的一项利国利民的重要工作。

（2）保护和改善施工现场环境是消除对外部干扰保证施工顺利进行的需要。随着人们的法制观念和自我保护意识的增强，尤其对距离当地居民或距离公路等较近的项目中，施工扰民和影响交通的问题反映比较突出，项目部应针对具体情况及时采取防治措施，减少对环境的污染和对他人的干扰，也是施工生产顺利进行的基本条件。

（3）保护和改善施工环境是现代化大生产的客观要求。现代化施工广泛应用新设备、新技术、新的生产工艺，对环境质量要求很高，如果粉尘、振动超标就可能损坏设备、影响功能发挥，使设备难以发挥作用。

（4）节约能源、保护人类生存环境是保证社会和企业可持续发展的需要。人类社会即将面临环境污染和能源危机的挑战。为了保护子孙后代赖以生存的环境条件，每个公民和企业都有责任和义务来保护环境。良好的环境和生存条件，也是企业发展的基础和动力。

二、文明施工的组织与管理

1. 组织和制度管理

（1）施工现场应成立以项目经理为第一责任人的文明施工管理组织。分包单位应服从总包单位的文明施工管理组织的统一管理，并接受监督检查。

（2）各项施工现场管理制度应有文明施工的规定，包括个人岗位责任制、经济责任制、安全检查制度、持证上岗制度、奖惩制度、竞赛制度和各项专业管理制度等。

（3）加强和落实现场文明检查、考核及奖惩管理，以促进施工文明管理工作提高。检查范围和内容应全面周到，包括生产区、生活区、场容场貌、环境文明及制度落实等内容。检查发现的问题应采取整改措施。

2. 建立收集文明施工的资料及其保存的措施

（1）上级关于文明施工的标准、规定、法律法规等资料。

（2）施工组织设计（方案）中对文明施工的管理规定各阶段施工现场文明施工的措施。

（3）文明施工自检资料。

（4）文明施工教育、培训、考核计划的资料。

（5）文明施工活动各项记录资料。

3. 加强文明施工的宣传和教育

（1）在坚持岗位练兵的基础上，要采取走出去、请进来、短期培训、上技术课、登黑板报、广播、看录像、看电视等方法狠抓教育工作。

（2）要特别注意对临时工的岗前教育。

（3）专业管理人员应熟悉掌握文明施工的规定。

三、文明施工与环境保护的基本要求

1. 文明施工的要求

（1）施工现场必须设置明显的标牌，标明工程项目名称、概况、建设单位、设计单位、施工单位、项目经理和施工现场总代表人的姓名，开、竣工日期，施工许可证批准文号等。施工单位负责施工现场标牌的保护工作。

（2）施工现场的管理人员在施工现场应当佩戴证明其身份的证卡。

（3）应当按照施工总平面布置图设置各项临时设施。现场堆放的大宗材料、成品、半成品和机具设备不得侵占场内道路及安全防护等设施。

（4）施工现场的用电线路、用电设施的安装和使用必须符合安装规范和安全操作规程，并按照施工组织设计进行架设，严禁任意拉线接电。施工现场必须设有保证施工安全要求的夜间照明；危险潮湿场所的照明以及手持照明灯具，必须采用符合安全要求的电压。

（5）施工机械应当按照施工总平面布置图规定的位置和线路设置，不得任意侵占场内道路。施工机械进场须经过安全检查，经检查合格的方能使用。施工机械操作人员必须建立机组责任制，并依照有关规定持证上岗，禁止无证人员操作。

（6）应保证施工现场道路畅通，排水系统处于良好的使用状态；保持场容场貌的整洁，随时清理建筑垃圾。在车辆、行人通行的地方施工，应当设置施工标志，并对沟井坎穴进行覆盖和铺垫。

（7）施工现场的各种安全设施和劳动保护器具，必须定期进行检查和维护，及时消除隐患，保证其安全有效。

（8）施工现场应当设置各类必要的职工生活设施，并符合卫生、通风、照明等要求。职工的膳食、饮水供应等应当符合卫生要求。

（9）应当做好施工现场的安全保卫工作，采取必要的防盗措施，在现场周边设立围护设施。

（10）应当严格依照《中华人民共和国消防条例》的规定，在施工现场建立和执行防火管理制度，设置符合消防要求的消防设施，并保持完好的备用状态。在容易发生火灾的地区施工，或者储存、使用易燃易爆器材时，应当采取特殊的消防安全措施。

（11）施工现场发生工程建设重大事故的处理，依照《工程建设重大事故报告和调查程序规定》执行。

（12）对项目部所有人员应进行言行规范教育工作，大力提倡精神文明建设，严禁赌、毒、黄、打架、斗殴等行为的发生，用强有力的制度和频繁的检查教育，杜绝不良行为的出现，对经常外出的采购、财务、后勤等人员，应进行专门的用语和礼貌培训，增强交流和协调能力，预防因用语不当或不礼貌、无能力等原因发生争执和纠纷。

2. 施工现场空气污染的防治

（1）施工现场垃圾渣土要及时清理出现场。

（2）上部结构清理施工垃圾时，要使用封闭式的容器或者采取其他措施处理高空废弃物，严禁凌空随意抛撒。

（3）施工现场道路应指定专人定期洒水清扫，形成制度，防止道路扬尘。

（4）对于细颗粒散体材料（如水泥、粉煤灰、白灰等）的运输，储存要注意遮盖，密封，防止和减少飞扬。

（5）车辆开出工地要做到不带泥砂，基本做到不撒土、不扬尘，减少对周围环境的污染。

（6）除设有符合规定的装置外，禁止在施工现场焚烧油毡、橡胶、塑料、皮革、树叶、枯草、各种包装物等废弃物品以及其他会产生有毒、有害烟尘和恶臭气体的物质。

（7）机动车都要安装减少尾气排放的装置，确保符合国家标准。

（8）工地锅炉应尽量采用电热水器。若只能使用烧煤锅炉时，应选用消烟除尘型锅炉，大灶应选用消烟节能回风炉灶，使烟尘降至允许排放范围为止。

（9）在离村庄较近的工地应将搅拌站封闭严密，并在进料仓上方安装除尘装置，采用可靠措施控制工地粉尘污染。

（10）拆除旧建筑物时，应适当洒水，防止扬尘。

3. 施工现场水污染的防治

（1）水污染物主要来源。

1）工业污染源：指各种工业废水向自然水体的排放。

2）生活污染源：主要有食物废渣、食油、粪便、合成洗涤剂、杀虫剂、病原微生物等。

3）农业污染源：主要有化肥、农药等。

施工现场废水和固体废物随水流流入＝入水体部分，包括泥浆、水泥、油罐、各种油类，混凝土外加剂、重金属、酸碱盐、非金属无机毒物等。

（2）施工过程水污染的防治措施。

1）禁止将有毒有害废弃物做土方回填。

2）施工现场搅拌站废水，现制水磨石的污水，电石（碳化钙）的污水必须经沉淀池沉淀合格后再排放，最好将沉淀水用于工地洒水降尘或采取措施回收利用。

3）现场存放油料，必须对库房地面进行防渗处理。如采用防渗混凝土地面、铺油毡等措施。使用时，要采取防止油料跑、冒、滴、漏的措施，以免污染水体。

4）施工现场100人以上的临时食堂，污水排放时可设置简易有效的隔油池，定期清理，防止污染。

第六节　造价管理

一、水利工程分类

水利工程按工程性质可划分为两大类：枢纽工程和引水工程及河道工程。其中，枢纽工程又分为水库、水电站和其他大型水利建筑物，引水工程及河道工程又分为供水工程、灌溉工程、河湖整治工程和堤防工程。

二、水利工程部分项目组成

常规的水利工程项目一般由五部分组成：建筑工程、机电设备及安装工程、金属结构设备及安装工程、施工临时工程、独立费用。

（一）建筑工程

1. 枢纽工程

建筑工程部分的枢纽工程是指水利枢纽建筑物（含引水工程中的水源工程）和其他大型独立建筑物，主要包括挡水工程、泄洪工程、引水工程、发电厂工程、升压变电站工程、航运工程、鱼道工程、交通工程、房屋建筑工程和其他建筑工程。其中，挡水工程等前七项为主体建筑工程。

（1）挡水工程。包括挡水的各类坝（闸）工程。

（2）泄洪工程。包括溢洪道、泄洪洞、冲砂孔（洞）、放空洞等工程。

（3）引水工程。包括发电引水明渠、进水口、隧洞、调压井、高压管道等工程。

（4）发电厂工程。包括地面、地下各类发电厂工程。

（5）升压变电站工程。包括升压变电站、开关站等工程。

（6）航运工程。包括上下游引航道、船闸、升船机等工程。

（7）鱼道工程。根据枢纽建筑物布置情况，可独立列项。与拦河坝相结合的，也可作为拦河坝工程的组成部分。

（8）交通工程。包括土坝，进厂，对外、防汛等场内外永久公路、桥涵、铁路、码头等交通工程。

（9）房屋建筑工程。包括为生产运行服务的永久性辅助生产建筑、仓库、办公，生活及文化福利等房屋建筑和室外工程。

2. 引水工程及河道工程

建筑工程部分的引水工程及河道工程是指供水、灌溉、河湖整治、堤防修建与加固工程，主要包括供水、灌溉渠（管）道、河湖整治与堤防工程，建筑物工程（水源工程除外），交通工程，房屋建筑工程，供电设施工程和其他建筑工程。

（1）供水、灌溉渠（管）道、河湖整治与堤防工程。包括渠（管）道工程、清淤疏浚工程、堤防修建与加固工程等。

（2）建筑物工程。包括泵站、水闸、隧洞、渡槽、倒虹吸、跌水、小水电站、排水沟（涵）、调蓄水库工程等。

（3）交通工程。包括永久性公路、铁路、桥梁、码头工程等。

（4）房屋建筑工程。包括为生产运行服务的永久性辅助生产建筑、仓库、办公、生活及文化福利等房屋建筑工程和室外工程。

（5）供电设施工程。包括为工程生产运行供电需要架设的输电线路及变配电设施工程。

（6）其他建筑工程。包括内外部观测工程；照明线路，通信线路，厂坝（闸、泵站）区及生活区供水、供热、排水等公用设施工程；工程沿线或建筑物周围环境建设工程；水情自动测报工程及其他。

（二）机电设备及安装工程

1. 枢纽工程

机电设备及安装工程的枢纽工程是指构成枢纽工程固定资产的全部机电设备及安装工程。本部分主要由发电设备及安装工程、升压变电设备及安装工程和公用设备及安装工程三项组成。

（1）发电设备及安装工程。包括水轮机、发电机、主阀、起重机、水力机械辅助设备、电气设备等设备及安装工程。

（2）升压变电设备及安装工程。包括主变压器、高压电气设备、一次拉线等设备及安装工程。

（3）公用设备及安装工程。包括通信设备，通风采暖设备，机修设备，计算机监控系统，管理自动化系统，全厂接地及保护网，电梯，坝区馈电设备，厂坝区及生活区供水、排水，供热设备，水文、泥沙监测设备，水情自动测报系统设备，外部观测设备，消防设备，交通设备等设备及安装工程。

2. 引水工程及河道工程

机电设备及安装工程的引水工程及河道工程指构成该工程固定资产的全部机电设备及安装工程。本部分一般由泵站设备及安装工程、小水电站设备及安装工程、供变电工程和公用设备及安装工程等四项组成。

（1）泵站设备及安装工程。包括水泵、电动机、主阀、起重设备、水力机械辅助设备、电气设备等设备及安装工程。

（2）小水电站设备及安装工程。其组成内容可参照枢纽工程的发电设备及安装工程和升压变电设备及安装工程。

（3）供变电工程。包括供电、变配电设备及安装工程。

（4）公用设备及安装工程。包括通信设备，通风采暖设备，机修设备，计算机监控系统，管理自动化系统，全厂接地及保护网，坝（闸、泵站）区馈电设备，厂坝（闸、泵站）区供水、排水、供热设备，水文、泥沙监测设备，水情自动测报系统设备，外部观测设备，消防设备，交通设备等设备及安装工程。

三、水利工程费用项目构成

（一）费用组成

1. 建筑及安装工程费

建筑及安装工程费由直接工程费、间接费、企业利润和税金四大部分组成。其中，直接工程费包括直接费、其他直接费、现场经费；间接费包括企业管理费、财务费用、其他费用；企业利润指企业通过实施项目获得的收益；税金包括营业税、城市维护建设税、教育费附加。

2. 设备费

设备费由设备原价、运杂费、运输保险费、采购费及仓储保管费等组成。

3. 独立费用

独立费用由建设管理费、生产准备费、科研勘测设计费、建设及施工场地征用费和其他组成。其中，建设管理费包括项目建设管理费、工程建设监理费、联合试运转费，生产准备费包括生产及管理单位提前进厂费、生产职工培训费、管理用具购置费、备品备件购置费、工器具及生产家具购置费，科研勘测设计费包括工程科学研究试验费、工程勘测设计费，其他包括定额编制管理费、工程质量监督费、工程保险费、其他税费。

4. 预备费

预备费由基本预备费和价差预备费组成。

（二）建筑及安装工程费

建筑及安装工程费由直接工程费、间接费、企业利润和税金组成。

1. 直接工程费

直接工程费指建筑安装工程施工过程中直接消耗在工程项目上的活劳动和物化劳动。其由直接费、其他直接费和现场经费组成。

2. 间接费

间接费指施工企业为建筑安装工程施工而进行组织与经营管理所发生的各项费用。它构成产品的成本，由企业管理费、财务费用和其他费用组成。

3. 企业利润

企业利润指按规定应计入建筑、安装工程费用中的利润。

4. 税金

税金指国家对施工企业承担建筑、安装工程作业收入所征收的营业税、城市维护建设税和教育费附加。

（三）设备费

设备费包括设备原价、运杂费、运输保险费和采购及仓储保管费。

1. 设备原价

（1）国产设备，其原价指出厂价。

（2）进口设备，以到岸价和进口征收的税金、手续费、商检费及港口费等各项费用之和为原价。

（3）大型机组分别运至工地后的拼装费用，应包括在设备原价内。

2. 运杂费

运杂费指设备由厂家运至工地安装现场所发生的一切运杂费用，包括运输费、调车费、装卸费、包装绑扎费、大型变压器充氮费及可能发生的其他杂费。

3. 运输保险费

运输保险费指设备在运输过程中的保险费用。

4. 采购及保管费

采购及保管费指建设单位和施工企业在负责设备的采购、保管过程中发生的各项费用。主要包括：

（1）采购保管部门工作人员的基本工资、辅助工资、工资附加费、劳动保护费、教育经费、办公费、差旅交通费、工具用具使用费等。

（2）仓库、转运站等设施的运行费、维修费、固定资产折旧费、技术安全措施费和设备的检验、试验费等。

第七节　合同管理

一、合同谈判与签约

（一）合同谈判的主要内容

1. 关于工程内容和范围的确认

（1）合同的“标的”是合同最基本的要素，建设工程合同的标的量化就是工程承包内容和范围。对于在谈判讨论中经双方确认的内容及范围方面的修改或调整，应和其他所有在谈判中双方达成一致的内容一样，以文字方式确定下来，并以“合同补遗”或“会议纪要”方式作为合同附件并说明它构成合同的一部分。

（2）对于为监理工程师提供的建筑物、家具、办公用品、车辆以及各项服务，也应逐项详细地予以明确。

（3）对于一般的单价合同，如发包人在原招标文件中未明确工程量变更部分的限度，则谈判时应要求与发包人共同确定一个“增减量幅度”，当超过该幅度时，承包人有权要求对工程单价进行调整。

2. 关于技术要求、技术规范和施工技术方案

3. 关于合同价格条款

合同依据计价方式的不同主要有总价合同、单价合同和成本加酬金合同，在谈判中根据工程项目的特点加以确定。

4. 关于价格调整条款

（1）一般建设工程工期较长，遭受货币贬值或通货膨胀等因素的影响，可能给承包人造成较大损失。价格调整条款可以比较公正地解决这一非承包人可控制的风险损失。

（2）可以说，价格调整和合同单价（对“单价合同”）及合同总价共同确定了工程承包合同的实际价格，直接影响着承包人的经济利益。在建设工程实践中，价格向上调整的机会远远大于价格下调，有时最终价格调整金额会高达合同总价的 10% 甚至 15% 以上，因此承包人在投标过程中，尤其是在合同谈判阶段务必对合同的价格调整条款予以充分的重视。

5. 关于合同款支付方式的条款

工程合同的付款分四个阶段进行，即预付款、工程进度款、最终付款和退还保留金。

6. 关于工期和维修期

（1）被授标的承包人首先应根据投标文件中自己填报的工期及考虑工程量的变动而产生的影响，与发包人最后确定工期。关于开工日期，如可能时应根据承包人的项目准备情况、季节和施工环境因素等洽商一个适当的时间。

（2）对于单项工程较多的项目，应当争取（如原投标书中未明确规定时）在合同中明确允许分部位或分批提交发包人验收（例如成批的房建工程应允许分栋验收），分多段的公路维修工程应允许分段验收，分多片的大型灌溉工程应允许分片验收等，并从该批验收时起开始算该部分的维修期，应规定在发包人验收并接收前，承包人有权不让发包人随意使用等条款，以缩短自己的责任期限，最大限度地保障自己的利益。

（3）承包人应通过谈判（如原投标书中未明确规定时）使发包人接受并在合同文本明确承包人保留由于工程变更（发包人在工程实施中增减工程或改变设计）、恶劣的气候影响，以及种种作为一个有经验的承包人也无法预料的工程施工过程中条件（如地质条件、超标准的洪水等）的变化等原因对工期产生不利影响时要求合理地延长工期的权利。

（4）合同文本中应当对保修工程的范围和保修责任及保修期的开始和结束时间有明确的说明，承包人应该只承担由于材料和施工方法及操作工艺等不符合合同规定而产生的缺陷。如承包人认为发包人提供的投标文件（事实上将构成为合同文件）中对它们说明的不满意时，应该与发包人谈判清楚，并落实在“合同补遗”上。

（5）承包人应力争以维修保函来代替发包人扣留的保留金，维修保函对承包人有利，主要是因为可提前取回被扣留的现金，而且保函是有时效的，期满将自动作废。同时，它对发包人并无风险，真正发生维修费用，发包人可凭保函向银行索回款项。因此，这一做法是比较公平的。维修期满后应及时从发包人处撤回保函。

7. 关于完善合同条件的问题

这些问题主要包括：关于合同图纸；关于合同的某些措辞；关于违约罚金和工期提前奖金；工程量验收以及衔接工序和隐蔽工程施工的验收程序；关于施工占地；关于开工和工期；关于向承包人移交施工现场和基础资料；关于工程交付；预付款保函的自动减额条款。

（二）建设工程合同最后文本的确定和合同签订

1. 合同文件内容

（1）建设工程合同文件构成：合同协议书；工程量及价格单；合同条件，一般由合同一般条件和合同特殊条件两部分构成；投标人须知；合同技术条件（附投标图纸）；发包人授标通知；双方代表共同签署的合同补遗（有时也以合同谈判会议纪要形式表示）；中标人投标时所递交的主要技术和商务文件（包括原投标书的图纸，承包人提交的技术建议书和投标文件的附图）；其他双方认为应该作为合同的一部分文件，如投标阶段发包人发出的变动和补遗，发包人要求投标人澄清问题的函件和承包人所做的文字答复，双方往来函件，以及投标时的降价信等。

（2）对所有在招标投标及谈判前后各方发出的文件、文字说明，解释性资料进行清理。对凡是与上述合同构成相矛盾的文件，应宣布作废。可以在双方签署的合同补遗中，对此做出排除性质的声明。

2. 关于合同协议的补遗

（1）在合同谈判阶段双方谈判的结果一般以合同补遗的形式，有时也可以以合同谈判纪要的形式，形成书面文件。这一文件将成为合同文件中极为重要的组成部分，因为它最终确认了合同签订人之间的意志，所以它在合同解释中优先于其他文件。为此不仅承包人对它重视，发包人也极为重视，它一般是由发包人或其监理工程师起草。

因合同补遗或合同谈判纪要会涉及合同的技术、经济、法律等所有方面，作为承包人主要是核实其是否忠实于合同谈判过程中双方达成的一致意见及其文字的准确性。对于经过谈判更改了招标文件中条款的部分，应说明已就某某条款进行修正，合同实施按照合同补遗某某条款执行。

（2）同时应该注意的是，建设工程承包合同必须遵守法律，对于违反法律的条款，即使由合同双方达成协议并签了字，也不受法律保障。因此，为了确保协议的合法性，应由律师核实，才可对外确认。

3. 签订合同

发包人或监理工程师在合同谈判结束后，应按上述内容和形式完成一个完整的合同文本草案，并经承包人授权代表认可后正式形成文件，承包人代表应认真审核合同草案的全部内容。当双方认为满意并核对无误后由双方代表草签，至此合同谈判阶段即告结束。此时，承包人应及时准备和递交履约保函，准备正式签署承包合同。

二、合同类型

1. 按照工程建设阶段分类

建设工程的建设过程大体上经过勘察、设计、施工三个阶段，围绕不同阶段订立相应合同。

（1）建设工程勘察，是指根据建设工程的要求，查明、分析、评价建设场地的地质地理环境特征和岩土工程条件，编制建设工程勘察文件的活动。建设工程勘察合同即发包人与勘察人就完成商定的勘察任务明确双方权利义务的协议。

（2）建设工程设计，是指根据建设工程的要求，对建设工程所需的技术、经济、资源、环境等条件进行综合分析、论证，编制建设工程设计文件的活动。建筑工程设计合同即发包人与设计人就完成商定的工程设计任务明确双方权利义务的协议。

（3）建设工程施工，是指根据建设工程设计文件的要求，对建设工程进行新建、扩建、改建的活动。建筑工程施工合同即发包人与承包人为完成商定的建设工程项目的施工任务明确双方权利义务的协议。

2. 按照承发包方式分类

（1）勘察、设计或施工总承包合同。勘察、设计或施工总承包，是指发包人将全部勘察、设计或施工的任务分别发包给一个勘察、设计单位或一个施工单位作为总承包人，经发包人同意，总承包人可以将勘察、设计或施工任务的一部分分包给其他符合资质的分包人。据此明确各方权利义务的协议即为勘察、设计或施工总承包合同。在这种模式中，发包人与总承包人订立总承包合同，总承包人与分包人订立分包合同，总承包人与分包人就工作成果对发包人承担连带责任。

（2）单位工程施工承包合同。单位工程施工承包是指在一些大型、复杂的建设工程中，发包人可以将专业性很强的单位工程发包给不同的承包人，与承包人分别签订土木工程施工合同、电气与机械工程承包合同，这些承包人之间为平行关系。单位工程施工承包合同常见于大型工业建筑安装工程。据此明确各方权利义务的协议即为单位工程施工承包合同。

（3）工程项目总承包合同。工程项目总承包，是指建设单位将包括工程设计、施工、材料和设备采购等一系列工作全部发包给一家承包单位，由其进行实质性的设计、施工和采购工作，最后向建设单位交付具有使用功能的工程项目。工程项目总承包实施过程可依法将部分工程分包。据此明确各方权利义务的协议即为工程项目总承包合同。

（4)BOT 合同（又称特许权协议书）。BOT 承包模式，是指由政府或政府授权的机构授予承包人在一定的期限内。以自筹资金建设项目并自费经营和维护，向东道国出售项目产品或服务，收取价款或酬金，期满后将项目全部无偿移交东道国政府的工程承包模式。据此明确各方权利义务的协议即为 BOT 合同。

3. 按照承包工程计价方式分类

（1）总价合同。总价合同一般要求投标人按照招标文件要求报一个总价，在这个价格下完成合同规定的全部项目。总价合同还可以分为固定总价合同、调价总价合同等。

（2）单价合同。这种合同指根据发包人提供的资料，双方在合同中确定每一单项工程单价，结算则按实际完成工程量乘以每项工程单价计算。

单价合同还可以分为估计工程量单价合同；纯单价合同，单价与包干混合式合同等。

（3）成本加酬金合同。这种合同是指成本费用按承包人的实际支出由发包人支付，发包人同时另外向承包人支付一定数额或百分比的管理费和商定的利润。

第八节　招投标管理简述

下面仅就水利工程项目施工标投标过程的主要内容讲述如下：

一、投标准备

对于水利工程施工企业来说，投标报价不仅是报价高低的比拼，也是企业、技术、经验、势力、信誉等的较量，因此，投标前必须做好充分的准备。投标准备工作主要有投标信息的收集与分析、投标工作机构的建立等内容。

1. 投标信息的分析与收集

在投标竞争中，正确、全面、可靠、及时的信息对于投标决策起着至关重要的作用。投标信息包括影响投标决策的各种主观因素和客观因素。

（1）影响投标决策的主观因素

1）施工企业的技术势力，即企业所拥有的各类专业技术人才、熟练工人、技术装备、施工经验、工程业绩等。

2）施工企业的经济实力，即企业购置机械设备的能力、垫付资金的能力、资金周转的速度、支付担保能力、保险和纳税能力等。

3）施工企业的管理水平，即企业的组织机构、规章制度、质量保证体系、安全生产措施等的有效程度。

4）施工企业的社会信誉，即企业是否拥有良好的社会信用和品牌形象。

（2）影响投标决策的客观因素

1）业主和项目监理部的情况，即业主的合法地位、支付能力、履约信誉情况，监理处理问题的公正性、合理性、合作性等。

2）工程项目的社会环境，主要是工程所在地的政治经济形势、建筑市场的繁荣程度、市场竞争状况、税收与金融政策等。

3）工程项目的自然条件，指工程所在地的气候、水文、地质、地形地貌、社会风俗、社会治安等对项目进展和成本的影响情况。

4）工程项目的社会经济条件，包括交通运输、原材料及购配件供应、水电供应、通信、工程款支付、劳动力供应等的条件。

5）竞争环境，竞争对手的数量，竞争对手的优势、劣势与本企业的对比，竞争对手的竞争策略等。

6）工程项目的难易程度，如工程的设计标准、结构、质量要求、施工工艺的难度、新结构新材料的要求、工期的紧迫程度等。

2. 建立投标工作机构

为了在竞争中获胜，施工企业应当建立高效、精干的投标工作机构，具体负责进行选择投标对象、编制资格预审文件、研究招标文件勘查现场、确定投标报价、编制投标文件、递送标书、中标后制定合同谈判方案、谈判并签订合同等工作。

（1）投标工作机构的人员组成。通常由四类人员组成：

1）经营管理人才，是指制定和贯彻执行经营方针、市场经营理念、负责全面筹划和统领经营工作的决策人员，包括总经理、分管经营工作的副总经理、总经济师等具有决策权力和宏观掌控能力的企业高级管理和专业技术人员。

2）专业技术人才，是指公司分管工程项目管理的副总经理、公司总工程师、建筑师、建造师、土建工程师、机电工程师、金属结构工程师等专业技术人才，他们应当具备丰富的专业知识和技能，能够较熟练地研究和制定用于投标的各类专业技术方案。

3）商务与财经人才，是指预算、财务、合同、金融、保险等方面的人才，他们应当有能力处理投标过程中的相关专业业务。

4）服务人员，包括办公室人员、公司法律顾问、司机、标书打印复印和装订人员等。

（2）投标工作机构的主要任务。一般有四部分：

1）正确制定投标报价策略。根据招标文件商务部分的要求和评分办法，结合本企业报价经验，分析潜在竞争对手的报价情况，联系该工程项目质量、工期、结构、资金、施工环境、资源条件和市场等，商定该工程项目的报价策略，据此选用接近的定额进行商务部分标书的编制。

2）根据工程项目的实际情况，制定工程的施工技术方案和各种技术措施。根据招标文件技术部分的要求和评分办法，结合设计资料和勘查现场的情况，参照企业类似工程施工经验和施工方法，兼顾施工设备组织情况和施工队伍操作经验，编制技术部分投标文件。

3）根据投标报价策略、施工技术方案和招标文件的要求，结合企业组织管理水平和成本控制原则，合理地确定工程项目的最终投标报价，并据此报价调整工程量清单单价、分项合价、总价和单价分析表。

4）根据招标文件的要求，安排有一定经验的人员专门收集和准备投标文件附件（常用的附件有：法人授权委托书、投标保函或投标保证金证明、农民工工资支付保函、购买标书发票或收据、企业信誉证书、类似工程业绩、企业获奖证明、企业上年度财务报表、审计报告、企业质量认证证书、银行信誉证明、项目经理建造师注册及资格证书、项目经理专业技术职称证书以及安全培训证书、技术负责人专业技术职称证书、专职安全员安全培训证书、持证上岗人员岗位证书、企业资质证书、企业营业执照、企业法人代码、企业安全生产证书等）。这些附件几乎是每个投标项目都要使用的，也基本没有什么大变化，因此，投标组织机构应有专人保管一整套复印件备用，并在整理投标文件时按招标文件的具体要求将所要的附件逐一放入标书规定位置，同时及早准备原件用于资格预审或后审。

3. 选择投标咨询机构（或代理人）

一般的国内工程投标都是本企业的投标工作机构自己编制投标文件，如果参加国外工程的投标编制投标文件有困难时，可采用选择投标代理人或咨询机构为其代理做标也是有些施工企业常用的办法。选择可靠和有经验的代理人或咨询机构协助进行投标工作，在一定程度上能提高中标率；同时，对企业不熟悉的新技术、新工艺和新材料工程以及中小型施工企业没有投标文件编制能力和经验的，聘请投标咨询机构或代理人也是可取之举。

4. 寻求合作（联营）伙伴

由于工程承包涉及较多的专业和技术领域，对部分技术复杂或工程量大的工程，企业自身条件满足不了要求，招标人允许有相应资格的两家（或以上）企业联合投标的，施工企业需要考虑寻求合作伙伴，以共同完成工程项目的总承包目标。寻求联合伙伴应谨慎，最好找了解或合作过且不错的。在只能选择不了解的企业合作的特殊情况下，拟合作企业最好选择两家以上，然后必须对他们进行逐一深入的考察和沟通谈判，先达成口头共识后再具体商定与哪一家合作更有利并签订合作协议。选择合作伙伴应当具备的基本条件是：

（1）符合招标工程所在地和招标文件对投标人资格条件的规定。

（2）具备承担招标工程投标文件编制和中标后施工组织管理的相应能力和经验。

（3）资信可靠，有较好的履约能力和社会信誉，有较强的资源保障能力，对所承担的工作内容有深刻理解且具有相应施工方案和管理及专业技术人员，能独立组织专业技术工人完成其负责的项目。

5. 办理异地市场准入手续

在外地（或国外）进行工程投标时，还需按照工程所在地的相关规定事先到当地办理市场准入注册手续，取得合法地位。办理异地市场准入注册时所要提交的文件先通过工程所在地政府主管部门领取明细表，据此要求准备后按时到指定部门办理批准及备案手续。

二、投标决策

对于施工企业而言，在一定时期内参与的工程投标项目很多，但并非每个工程项目都必须参与投标，而是应当对每个工程项目情况进行具体分析和筛选，从而确定是否参加投标以及投什么性质的标，不适合本企业情况的工程和不了解的项目盲目参加投标中标率极低，这样只会加大企业成本，久而久之挫伤了投标工作机构人员的积极性和信心，招致职工的埋怨和愤恨，影响企业的声誉。投标决策正确与否，不但关系到企业能否中标，而且关系着企业的发展前景和员工的切身利益。企业投标决策层应当慎重对待，根据不同的阶段情况和企业市场优势以及企业优势，选定适合本企业参加的工程项目投标，对决定投标的工程项目根据具体工程情况再确定投标决策类型。

三、投标过程管理

1. 分析招标信息阶段

随着社会的发展，交通设施、交通工具和通信条件等逐步缩短了人际交往的距离，所以，大多数工程项目建设信息不是通过招标公告获取的，尤其在企业当地和目标市场内的信息，大都在工程处于立项、审批、设计等阶段就了解和掌握了有关信息，这也是一个负责任的企业经营和管理者应该做到的。对于有经验和思想的企业管理者而言，每干一项工程都会及时建立人际联系网络，以便今后获取相关地方信息。大多数企业不会失去任何适合自己的机会，想方设法尽早地介入其中是企业经营者冥思苦想的问题，对重点攻关项目往往挑选专人负责跟踪，投不投标早有定论，所以，对这样的工程项目到招标公告发布时只是几个标段选择哪一个或几个的问题，一般不用进行多么复杂的分析；对异地工程和企业新开辟的市场，往往没有上述优势和便利条件，在得到信息后，一般要组织有关人员对信息加以分析和总结，适合者投不适合者弃；对当地小企业或社会自然人借用企业资质投标的工程项目，企业必须慎之又慎，一则这是违规行为，二则潜在风险大，真是适合本企业的项目且效益有保证，必须设立强有力的项目管理班子加强全过程的监管。同时，投标前必须签订严密的协议。国家法律绝不允许出现借资质投标的情况发生，而现实中又经常存在这种现象，在此谈到这种情况不是认可这种违法行为，而是针对实际提示有关企业在投标决策时注意和防范这种项目。不法行为的存在是社会不可根除的真实现象，适时防范是企业自我保护的基本本能。

2. 资格预审阶段

企业应安排经营机构或投标工作机构人员将企业资格预审的基本资料准备就绪，并做成有备份的电子版，针对某个具体项目填报资格预审资料时，再结合该项目的特殊要求，补充该项目所需的资料；同时，根据资料原件变化情况随时修改电子版，以防出现原件和复制件不符的情况。

填报资格预审资料时，要注意针对该项目的常规要求和具体特点，分析业主的需求，把本公司能做好该项目的诚信、经验、能力、水平、优势等反映出来。资格预审过关后，按既定的标段数量缴纳投标保证金、购买对应的标段招标资料，安排做标人员，布置编标具体任务。

3. 投标前调查与现场勘察阶段

投标调查包括对投标项目的环境调查、对投标项目的调查和建筑市场的调查等；现场勘察是指参加由业主或招标代理机构组织的工程现场情况介绍和实地了解。

4. 选择咨询单位或代理人阶段

在投标时，可以根据实际情况的需要，选择咨询单位或代理人。对大型施工企业开拓新市场或去国外承包工程时，选择一个精通业务、活动能力强的咨询单位，能够有助于提高中标的机会；对中小型企业就企业当地项目可利用地方优势与实力企业在硬件上想出现差距不大的比拼，往往也可借助这种形式，以弥补自身在市场竞争和做标方面的不足或欠缺。

5. 分析招标文件、校核工程量、编制施工计划和制定实施方案阶段

6. 投标报价编制和确定阶段

确定采用定额，编制报价工程量清单和单价分析表，确定临时工程报价，汇总工程预算总价，准备标书附件和资格后审原件，制定投标策略和报价方针，划定报价范围，分析确定报价，依据确定报价调整工程量清单报价和单价分析表，填报最终报价最后确定标价等工作均在这个阶段落实。

结 语

当今已经具有实现高强度快速施工的能力，施工技术水平不断提高，实现了长江、黄河等大江大河的截流，采用了很多新技术、新工艺；土石坝工程、混凝土坝工程和地下工程的综合机械化组织管理水平逐步提高。水利施工科学的发展，为水利工程展示出一片广阔的前景。在取得巨大成就的同时，我国的水利工程建设也付出过沉重的代价。如由于违反基本建设程序，不遵循施工的科学规律，不按照经济规律办事，水利工程建设事业遭受了相当大的损失。我国目前大容量高效率多功能的施工机械，其通用化、系列化、自动化的程度还不高，利用并不充分；新技术、新工艺的研究推广和使用不够普遍；施工组织管理水平不高；各种施工规范、规章制度、定额法规等的基础工作比较薄弱。为了实现我国经济建设的战略目标，加快水利工程建设的步伐，必须认真总结过去的经验和教训，在学习和引进国外先进技术、科学管理方法的同时，发扬自力更生、艰苦创业的精神，走出一条适合我国国情的水利工程施工技术的科学发展道路。

水利工程是为控制和调配自然界的地表水及地下水，达到兴利除害目的而修建的工程，也称为水工程。水是人类生产和生活必不可少的宝贵资源，但其自然存在的状态并不完全符合人类的需要。只有修建水利工程，才能控制水流，防止洪涝灾害，并进行水量的调节和分配，以满足人民生活和生产对水资源的需要。水利工程需要修建坝、堤、溢洪道、水闸、进水口、渠道、渡槽、筏道、鱼道等不同类型的水工建筑物，以实现其目标。水利工程施工与一般土木工程，如道路、铁路、桥梁和房屋建筑等的施工有许多相同之处。例如，主要施工对象多为土方、石方、混凝土、金属结构和机电设备安装等项目，某些施工方法相同，某些施工机械可以通用，某些施工的组织管理工作也可互为借鉴。

参考文献

[1] 张凯 . 乡村振兴中如何做好农田水利工程建设及管理 [J]. 石河子科技 ,2021(4):3-4.

[2] 朱啸鹏 . 强化水利建设工程施工质量管理水平 [J]. 大众标准化 ,2021(14):7-9.

[3] 赵圆圆 . 水利水电工程施工质量与安全管理 [J]. 科技风 ,2021(20):185-186.

[4] 许丽丽 . 给排水工程施工管理的探析 [J]. 居舍 ,2021(20):151-152+154.

[5] 姬翠霞 . 试论小型农田水利工程施工建设与管理的有效措施 [J]. 新农业 ,2021(13):89-90.

[6] 吴敏 . 浅谈水利水电工程建筑的施工技术及管理研究 [J]. 中国设备工程 ,2021(13):228-229.

[7] 刘耀 . 水利水电工程施工技术管理探究 [J]. 江西建材 ,2021(6):162-163.

[8] 石祺智 . 水利工程建设施工管理及质量控制研究 [J]. 长江技术经济 ,2021,5(S2):99-101.

[9] 邓惠洁 . 中小型水利工程施工技术管理的有效措施 [J]. 长江技术经济 ,2021,5(S2):50-52.

[10] 张素艳 , 邵艳枫 , 姬夏楠 , 范晖 . 探究水利工程建设施工中的环境管理与保护策略 [J]. 长江技术经济 ,2021,5(S2):141-143.

[11] 常莉莉 . 水利工程中泵站建设的施工管理分析 [J]. 农业开发与装备 ,2021(5):78-79.

[12] 陈涛 . 水利水电工程施工质量管理 [J]. 农家参谋 ,2021(10):186-187.

[13] 张海民 . 水利工程造价中的 BIM 应用优势探究 [J]. 居舍 ,2021(15):175-176.

[14] 刘剑堂 . 中小型水利工程建设施工安全管理隐患及对策探讨 [J]. 科技风 ,2021(14):195-196.

[15] 尹志奇 , 张经宇 . 水利工程建设施工合同管理应该注意的问题 [J]. 中小企业管理与科技 (下旬刊),2021(4):17-18.

[16] 翁政曙 . 水利枢纽工程建设与管理的主要工作及成效分析 [J]. 工程技术研究 ,2021,6(8):190-191.

[17] 肖静 . 水利水电工程施工技术管理存在的问题及对策研究 [J]. 水电站机电技术 ,2021,44(4):65-67.

[18] 范海英 . 水利工程泵站建设施工质量管理探究 [J]. 中国设备工程 ,2021(7):252-253.

[19] 石丽丽 . 基于水利水电工程施工阶段的质量管理研究 [J]. 河北农机 ,2021(4):15-16.

[20] 刘静 . 农田水利工程施工管理存在的问题与质量管控措施 [J]. 农业工程技术 ,2021,41(8):55-56.

[21] 李延忠 . 水利水电工程施工技术管理研究：评《水利水电工程管理》[J]. 人民黄河 ,2021,43(3):163.

[22] 蒙立荣 . 水利工程施工建设进度管理与成本控制研究 [J]. 农业科技与信息 ,2021(4):115-116.

[23] 杨建成 . 水利工程建设防渗堵漏的施工方法及其施工管理 [J]. 科技风 ,2021(6):197-198.

[24] 谢兵贤 . 浅谈水利工程施工管理中存在的问题及对策 [J]. 农村经济与科技 ,2021,32(2):36-37.

[25] 孙隽骁 . 水利建设工程施工的质量管理工作分析 [J]. 智能城市 ,2021,7(2):91-92.

[26] 胡爱国 . 加强水利工程建设的施工管理与质量控制 [J]. 新农业 ,2021(4):68.

[27] 胡乾隆 . 水利水电工程施工管理存在的问题与完善措施 [J]. 居业 ,2021(1):121-122.

[28] 荆立祥 . 农田水利工程施工技术管理分析 [J]. 农村实用技术 ,2021(01):179-180.

[29] 赵漫 . 小型农田水利工程的施工建设与管理 [J]. 现代农村科技 ,2020(12):46.

[30] 解士博 . 浅析水利工程建设中的堤防施工及其质量管理 [A].《建筑科技与管理》组委会 .2020 年 12 月建筑科技与管理学术交流会论文集 [C].《建筑科技与管理》组委会 : 北京恒盛博雅国际文化交流中心 ,2020:2.

[31] 贾宝力 , 孟凡军 , 王方 . 水利水电建设工程项目管理与施工技术创新 [M]. 北京 : 中国华侨出版社 ,2020(12)295.

[32] 马小千 . 水利工程施工安全管理的相关问题及应用策略 [J]. 智能城市 ,2020,6(22):99-100.

[33] 花建彬 , 李书嘉 , 金鹏程 . 浅谈水利水电工程管理中精细化管理理念的运用 [J]. 水电站机电技术 ,2020,43(11):225-226.

[34] 李仲茂 . 水利工程建设施工监理合同的管理刍议 [J]. 珠江水运 ,2020(21):50-51.

[35] 陈诚 , 孙佳 . 水利工程施工质量问题及质量控制策略分析 [J]. 居舍 ,2020(32):77-78.